Tim Templeton
Networking, das sich auszahlt … jeden Tag!

In Erinnerung an Paul Wong,
der das Leben des Autors prägte
und dessen Wirken in die Figur des
»Herrn Highground« eingegangen ist

Tim Templeton

Networking, das sich auszahlt ... jeden Tag!

Lebenslange Beziehungen aufbauen

Unter Mitarbeit von
Lynda Rutledge Stephenson

Aus dem Amerikanischen
von Christine Havemann

GABAL Blanchard Series | Ken Blanchard

Die Originalausgabe erschien 2003 unter dem Titel
»The Referral of a Lifetime« bei Berrett-Koehler
Publishers, Inc., San Francisco, CA, USA.
Alle Rechte vorbehalten.

Bibliografische Informationen der Deutschen Bibliothek

Die Deutsche Bibliothek verzeichnet diese Publikation in
der Deutschen Nationalbibliografie; detaillierte bibliografische Daten sind im Internet über http://dnb.ddb.de
abrufbar.

ISBN 978-3-89749-428-2
5. Auflage 2006

Projektleitung: Ute Flockenhaus, Fischerhude
Lektorat: Dr. Michael Madel, Ruppichteroth
Umschlaggestaltung: +Malsy Kommunikation und
Gestaltung, Bremen
Satz und Layout: Das Herstellungsbüro, Hamburg
www.buch-herstellungsbuero.de
Druck und Bindung: Salzland Druck GmbH, Staßfurt

www.gabal-verlag.de
www.gabal-shop.de

Inhalt

Vorwort

Ich bin sehr glücklich, dass Tim Templetons Buch *The Referral of a Lifetime* das erste der Blanchard Series ist und nun auch in deutscher Sprache im GABAL Verlag erscheint. Als ich die Buchreihe in meinem amerikanischen Verlag Berrett-Koehler startete, wollte ich Führungspersönlichkeiten und Managern komplexe Managementthemen leicht verständlich und unterhaltsam nahe bringen. Dies mithilfe einer spannenden und amüsanten Geschichte zu tun, schien mir der richtige Weg. Die Bücher sollten einfache Wahrheiten und echte Weisheit enthalten und den Menschen in Unternehmen und Organisationen zu besseren Leistungen und Freude an der Arbeit verhelfen. Ich hoffte, dass alle Leser die Geschichten dieser Bücher mit den Menschen besprechen und diskutieren würden, die ihnen wichtig sind. Tim Templetons Buch erfüllt diese Hoffnung voll und ganz!

Wir müssen so viele Termine einhalten, sind so viel unterwegs und haben so viel zu tun, dass wir selten Zeit finden, innezuhalten, um den Menschen zu danken, die uns geholfen haben, unsere Ziele zu verwirklichen.

Networking, das sich auszahlt ... jeden Tag zeigt anschaulich, wie kostbar diese Beziehungen sind – in persönlicher wie auch in beruflicher Hinsicht. Dieses Buch wird Ihnen aber auch zeigen, wie Ihnen Ihre Beziehungen helfen, Ihr Unternehmen einfacher zu strukturieren und Ihren Umsatz zu steigern.

Vince Siciliano, ein guter Freund, den ich sehr schätze, hat mich auf dieses wundervolle kleine Buch aufmerksam gemacht. Es ist genau diese enge Beziehung zu Vince, die mich angeregt hat, *The Referral of a Lifetime* aufzuschlagen und in einem Zug durchzulesen: Wertvolle Beziehungen und Freundschaften führen zu wertvollen Erfahrungen.

Während ich dieses Buch las, merkte ich, wie ich mich selbst, unsere Mitarbeiter und unsere Meinung zu Beziehungen zu Hause und bei der Arbeit in einem neuen Licht sah. Ich begann mir vorzustellen, wie ich beruflich und privat neue Höhen erreichen und dabei trotzdem mit beiden Beinen auf der Erde bleiben würde, einfach, indem ich die goldene Regel anwendete und Beziehungen den höchsten Stellenwert einräumte. Sofort wollte ich dieses Buch meiner Frau Margie zeigen – meiner wichtigsten Beziehung –, und bald danach beflügelte jene goldene Regel auch die übrige Familie und die Führungskräfte unserer Firma. Jeder begriff, wie wichtig und nützlich es ist, die Beziehungen zu anderen Menschen ganz ernst zu nehmen.

Das Konzept, den Wert von Beziehungen zu erkennen und Beziehungen zu pflegen, ist nicht neu oder kompliziert, aber in vielen Organisationen wird darüber nicht einmal nachgedacht. Wenn Sie daran interessiert sind, Ihre Kunden an Ihr Unternehmen zu binden, ein Empfehlungs-Marketing aufzubauen und Ihren Stammkunden einen besseren Service zu bieten, dann wird Ihnen dieses Buch sehr nützlich sein. Und es lehrt Sie, den Wert Ihrer schon bestehenden Beziehungen angemessen einzuschätzen. Zudem erfahren Sie, was Sie tun können, damit sie Ihnen nicht entgleiten.

Danke, Tim, dass du uns nicht nur daran erinnert hast, wie kostbar Beziehungen für jeden von uns sein können. Dank auch dafür, dass du uns gezeigt hast, wie wir sie zum Erreichen unserer beruflichen Ziele wertvoll nutzen können. Ich wünsche dir in deinem Beruf viel Erfolg und hoffe, dass deine kostbaren Beziehungen ein Leben lang halten.

Ken Blanchard
Koautor der Bücher *The One Minute Manager*®,
Empowerment Takes More Than a Minute, Raving Fans®,
Gung Hoi®, *Whale Done!* und *Full Steam Ahead!*

KAPITEL 1

Die Alternative zur klassischen Telefonakquise

Es war wieder einmal einer dieser perfekten Vormittage im California Coffee Café & Bistro, dem Lieblingstreffpunkt der Einwohner der kleinen, aufstrebenden Küstenstadt Rancho Benicia in Kalifornien. Vom Hafen aus waberten Nebelschwaden in die Straßen der Kleinstadt, während die Stammgäste im Café ein und aus gingen oder ein Schwätzchen hielten und die Atmosphäre des kleinen Cafés genossen.

Chuck Krebbs, stolzer Besitzer des Cafés, stand gerade hinter der antiken Bar aus Eiche, die es schon gab, als die Stadt noch ein beliebter Anlaufplatz für die Segelschiffe aus dem neunzehnten Jahrhundert und das Café eine Kneipe für trinkfeste Seemänner war. Knapp 200 Jahre später jedoch war es Chuck, der stolz und voller Eifer zwischen der Bar und seiner wundervoll vergoldeten Espressomaschine inmitten seiner Freunde herumwirbelte.

Er hielt einen Moment inne, blickte um sich und lächelte zufrieden. Vier seiner liebsten Stammgäste waren gerade da.

Mitten im Café saß Sheila Marie Deveroux an ihrem Lieblingstisch, mit einem großen doppelten Mokka in der Hand. Sie war eine der bekanntesten Immobilienmaklerinnen der Stadt. Die extravagante Frau, deren Kleidung sämtliche Modestile der letzten Jahre in sich vereinte, war in dem morgendlichen Chaos des gut gefüllten Lokals nicht zu übersehen. Dafür sorgte ihr rabenschwarzes Haar, ihre farbenfrohe Kleidung und ihre überschwängliche Art, mit Händen und Füßen zu reden.

Chuck konnte sich nicht daran erinnern, wann er sie hier das letzte Mal allein gesehen hatte. Sonst war sie immer in Begleitung, was Chuck natürlich gefiel, denn für ihn bedeutete das einen weiteren Kaffee trinkenden Gast und die Möglichkeit, jemanden kennen zu lernen. Dabei fiel ihm immer auf, dass Sheila Marie ihre jeweilige Begleitung wie ein Familienmitglied behandelte. Und so verhielt sie sich auch ihm gegenüber immer.

»Chuck! Bitte noch einmal nachfüllen!« Chuck wandte sich einem anderen Stammgast zu – Paul Kingston, ein leger gekleideter netter Mann in den Dreißigern, der ihm seine leere Kaffeetasse entgegenhob. Paul kam jeden Morgen in das Café, las den Sportteil der Zeitung und benutzte seine eigene Kaffeetasse. Er war ein Mann, der jeden kannte und scheinbar von allem Ahnung hatte, der es liebte, seine Kenntnisse weiterzugeben, und der sein Glück im Verkaufsmanagement des größten Autohändlers der Stadt gefunden hatte. Chuck konnte sich nicht daran erinnern, dass Paul jemals etwas Negatives gesagt hätte – außer, dass er ständig überlegte, weniger Milchkaffee zu trinken. Chuck lächelte amüsiert, als Paul jetzt gerade wieder einen weiteren Milchkaffee bestellte.

Draußen auf der Veranda hielt die junge Sara Simpson Hof, die noch vor ihrem neunundzwanzigsten Lebensjahr zur Unternehmerin des Jahres gewählt worden war. Heute war Dienstag. Jeden Dienstag und Donnerstag, pünktlich um 8:30 Uhr, traf sie sich dort mit ihren acht Topverkäufer. Sara war ein wahres Energiebündel und stolz darauf, der Motor ihres Geschäftes zu sein, der die Dinge vorantrieb. Sie liebte diese morgendlichen Treffen mit ihren Mitarbeitern, in der warmen Küstenluft Kaliforniens und unter Chucks Sonnenschirmen. »Doppelte Espressos für alle, Chuck!« – so lautete ihr Morgengruß stets. Und er machte ihr jedes Mal einen dreifachen, einfach um zu sehen, ob sie es bemerken würde.

Und dann war da noch Philip Stackhouse, der in seinen teuren Mokassins gerade hereinschlenderte, um einen großen Cappuccino ohne Sahne zu trinken. Er grüßte Chuck und die Gäste mit einer Geste, die auf lustige Art dazu aufforderte, nun bitte schön doch endlich mit der Tagesarbeit zu beginnen. Philip, gerade vierzig geworden, hatte es geschafft, seine Fähigkeit, Netzwerke aufzubauen, und seine Erfahrungen, die er als Wertpapierhändler an der Wall Street gewonnen hatte, so einzusetzen, dass er in Rancho Benicia als die absolute Vertrauensperson für alle Angelegenheiten rund um die Finanzplanung galt. Jeder wusste es; jeder vertraute ihm und empfahl ihn an seine Freunde weiter.

»Das Übliche?«, rief Chuck, als Philip auf ihn zukam, und sparte ihm so einige wertvolle Sekunden Zeit ein. Philip streckte den Daumen in die Höhe – das war sein Markenzeichen –, lehnte sich an die alte Eichenbar, warf das Wechselgeld abgezählt auf den Tresen und wartete, dass Chuck ihm seinen Morgenkaffee servierte – der tat dies wie immer in Rekordzeit.

Chuck sah zu, wie Philip sich umdrehte, ihm mit einem Lächeln dankte und zielstrebig wieder zur Tür hinaussteuerte. Die Hände in den Hüften, blickte Chuck zufrieden in die Runde. In diesem Moment bemerkte er Susie McCumber, die allein an der Bar stand und mit dem Löffel gedankenverloren in ihrem Kaffee herumrührte. Haselnussgeschmack mit aufgeschäumter Milch – den bestellte sie immer, erinnerte sich Chuck und ging auf sie zu.

»Hallo.«

Susie schaute kurz auf. »Hallo, Chuck.«

»Wie geht es Ihnen?«

»Gut«, antwortete sie wenig überzeugend und starrte weiter in ihre Tasse.

Chuck lehnte sich zu ihr herüber. »Okay. Und wie geht es Ihnen wirklich?«

Dieses Mal schaute Susie nicht einmal hoch. »Oh, das wollen Sie nicht wirklich wissen, Chuck. Aber danke für die Nachfrage.« Sie trommelte nervös mit ihren Fingern auf den Tresen.

Chuck zog einen Keks aus einem großen Glasgefäß, legte ihn zusammen mit einem Papierdeckchen auf einen kleinen Teller und schob ihn auf Susie zu, die daraufhin mit dem Trommeln aufhörten. Susie schaute hoch, und ihre Blicke trafen sich.

»Doch«, sagte Chuck, »das möchte ich.«

Susie sah, dass es ihm ernst war. Sie schenkte Chuck ein Lächeln und sagte: »Also gut. Die Sache ist die: Ich kann nicht länger leugnen, dass ich an einem Scheideweg angekommen bin.«

»Was für ein Scheideweg?«

»Einem beruflichen. Ich muss mir wohl selbst eingestehen, dass ich das, was ich mir erhofft habe, nie erreichen werde. Und ich habe keine Ahnung, was ich jetzt machen soll. Ich habe mir so sehr gewünscht, selbstständig zu sein. Ich hatte einen Traum, wollte mehr als einen öden Bürojob, und ich wollte hart dafür arbeiten, diesen Traum zu verwirklichen – statt mich für irgendein Unternehmen aufzuopfern. Verstehen Sie das?«

»Oh ja«, sagte Chuck und schaute sich versonnen in seinem Café um. »Das verstehe ich.«

»Ich wollte nicht nur arbeiten, um jeden Monat einen Gehaltsscheck zu empfangen, der mir auch noch gesperrt werden könnte. Ich wollte für mich arbeiten, etwas Sinnvolles tun, das mich auch innerlich zufrieden stellte. Das war mein Plan – damals. Ich habe also all meinen Mut und meine gesamten Ersparnisse zusammengenommen und es riskiert. Ich habe es versucht. Aber«, sie unterbrach sich und spielte mit dem Keks herum, »aber es hat nicht geklappt. Es kann gut sein, dass ich alles aufgeben muss. Der Traum von der Selbstständigkeit ist ausgeträumt.« Sie schüttelte den Kopf. »Ich habe das Gefühl, ich bin die absolut ungeeignetste Person dafür, Kunden per Telefon zu gewinnen. Ich kann das einfach nicht. Ich finde keinen Draht zu den Leuten, die ich anrufe.«

»Dann tun Sie's doch einfach nicht.«

Überrascht blickte Susie auf.

»Es geht Ihnen doch um mehr als nur ums reine Geldverdienen, nicht wahr?«, fragte Chuck.

»Ja, klar. Aber anscheinend tauge ich nur dazu, irgendeinem Unternehmen meine Zeit zur Verfügung zu stellen und dann irgendwie über die Runden zu kommen.«

Chuck lehnte sich an den Tresen hinter ihm, verschränkte die Arme und schaute Susie ernst an.

Schließlich konnte Susie es nicht mehr aushalten. »Was ist los? Was ist verkehrt?«

Chuck grinste. »Weniger als Sie denken. Susie, Sie glauben nicht, wie vertraut das alles für mich klingt. Warten Sie. Ich gebe Ihnen eine Telefonnummer. Sie können anrufen oder auch nicht. Aber ich sage Ihnen: Ich selbst habe diese Nummer auch vor vielen Jahren gewählt – und was ist daraus geworden?« Seine weit ausholende Geste schloss das ganze Café ein. Er schnappte sich einen Stift und eine Serviette, kritzelte eine Nummer darauf und schob sie zu Susie hinüber.

»Er heißt David Michael Highground. Ein guter Freund von mir verwies mich vor Jahren an ihn, und ich tue jetzt das Gleiche für Sie.«

Susie sah wenig überzeugt aus. Sie hatte schon so viele Bücher zum Thema Management und Marketing gelesen, deren Autoren allesamt versprachen, die »goldene Regel« zu kennen, die man einfach nur anwenden müsse, um geschäftlichen Erfolg zu haben. Nein, unmöglich, sich für noch ein weiteres Patentrezept, das angeblich alle Probleme auf einen Schlag löste, zu begeistern. Sie wollte nicht wieder ihre ganze Kraft einsetzen, nur um eine weitere Enttäuschung zu erleben.

»Nein, Highgrounds System ist vollkommen anders als alles, von dem Sie bisher gehört haben.«

Susie stutzte: »Können Sie auch Gedanken lesen?«

»Nein, ich weiß nur genau, was in Ihnen vorgeht. ›Wieder so ein Patentrezept‹, richtig? Aber haben Sie jemals von einem Patentrezept gehört, in dessen Mittelpunkt der Aufbau von Beziehungen steht?«, fragte er. »Oder davon, ein Geschäft aufzubauen, indem man die richtigen Dinge zur richtigen Zeit aus den richtigen Gründen tut? *Haben Sie jemals von einem Patentrezept gehört, das vorschlägt, Beziehungen den allerhöchsten Stellenwert einzuräumen – wobei diese goldene Regel die Grundlage für ein wachsendes Geschäft ist?*

Vertrauen Sie mir«, lachte Chuck. »David Michael Highground hat weder Dollarzeichen in den Augen noch wird er sie jemals haben! Trotzdem ist er der erfolgreichste Mann, den ich kenne. Ihm geht es nicht ums Geld, Sie brauchen nicht zu befürchten, ausgenommen zu werden. Er hat mehr Geld, als er je verbrauchen könnte. Ihm geht es darum, dass die Menschen in ihrer Arbeit einen Sinn sehen und glücklich dabei sind. Natürlich geht es auch um finanziellen Erfolg, aber mehr noch um persönliche Erfüllung.«

Er schob die Serviette sanft auf Susie zu. »Es liegt bei Ihnen, ihn anzurufen. Erzählen Sie mir, was dabei herausgekommen ist.« Und mit diesen Worten ging er, um einen neuen Kunden zu bedienen.

Susie starrte die Serviette an, dann Chuck, dann wieder die Serviette. Abwesend knabberte sie an dem Keks, tauchte ihn dabei ein paarmal in den Kaffee. Susies Gedanken verdüsterten sich wieder. Schließlich trank sie ihren Kaffee aus, sammelte ihre Sachen zusammen und wollte gehen. Da fiel ihr die Serviette ein.

Zu ihrer eigenen Überraschung streckte sie die Hand aus und nahm sie an sich. Sie warf noch einen Blick auf Chuck, dann verließ sie das Café.

Im Auto griff Susie nach ihrem Handy und starrte auf die Nummer, die Chuck auf die Serviette gekritzelt hatte. Die verschiedensten Gedanken beschäftigten sie – nicht zuletzt der Gedanke an ihre Handyrechnung am Monatsende. Sie zögerte. Vielleicht musste sie vor sich selbst zugeben, dass ihr Traum geplatzt war. Vielleicht passte eine selbstständige Existenz einfach nicht zu ihr. Vielleicht war sie vollkommen ungeeignet dazu, vielleicht fehlte ihr die Persönlichkeit dazu.

Aber Chucks Worte gaben ihr zu denken.

Sie seufzte. Sie brauchte unbedingt Hilfe, das stand fest. Und sie hatte nichts zu verlieren, das stand auch fest. Also wählte sie die Nummer und drückte die Sendetaste.

»Ja?« Eine überraschend warme und angenehme Stimme.

»Hallo«, sagte sie und versuchte, ihre Nervosität zu verbergen.

»Ja, hallo, hier spricht Susie McCumber. Könnte ich bitte mit David Highground sprechen?«

»Am Apparat«, antwortete die freundliche Stimme.

Sie wartete einen Moment und ließ die Wärme der Stimme auf sich wirken. Einen solchen Ton war sie von Fremden nicht gewohnt. Sie hatte mit so vielen Fremden gesprochen, denen die telefonische Ansprache genauso verhasst war, wie sie es hasste, diese Anrufe zu machen. Sie hatte schon eine richtige Abneigung gegen Telefonate. Sie atmete tief durch. »Herr Highground, ich hoffe, ich störe Sie nicht gerade. Chuck vom California Coffee Café & Bistro hat mir Ihren Namen genannt und gemeint, ich solle einmal mit Ihnen sprechen. Sie haben ihm mal geholfen, und er meint, Sie könnten auch mir helfen.«

Sie konnte sein Lächeln fast durch das Telefon spüren. »Ah ja, Chuck. Er ist ein netter Mensch. Seine Freunde sind auch meine Freunde. Wie kann ich Ihnen helfen?«

Susies Nervosität legte sich.

Und zu ihrer Überraschung erzählte sie ihm ganz unbefangen von ihrem Problem:

»Sehen Sie, vor sechs Monaten habe ich mich selbstständig gemacht. Aber es scheint, als ob ich bereits jetzt meine ganze Energie verloren hätte. Und ich glaube, dass ich selbst das Problem bin. Ich hatte einen so guten Start. Die Firma, mit der ich zusammenarbeite, ist fantastisch, und die Mitarbeiter sind so hilfsbereit. Und ich glaube wirklich, dass wir gut sind. Aber irgendwie schaffe ich es nicht, die Sache am Laufen zu halten. Ich bin vom Weg abgekommen und finde nun nicht wieder zurück. Ich fühle mich wie … wie …« Sie zwang sich dazu, das Wort auszusprechen, das sie seit Wochen verdrängt hatte: »… wie eine Versagerin.«

Susie konnte es kaum glauben, dass sie das gerade eben einem vollkommen fremden Menschen gegenüber zugegeben hatte. Aber die endlosen Wochen, die sie auf Seminaren bei der ortsansässigen Handelskammer verbracht hatte, die anschließenden Akquisitionsgespräche per Telefon, in denen sie die Techniken anwendete, die sie dort erlernt hatte, ohne dass dies zu irgendeinem zählbaren Erfolg geführt hätte, hatten sie wohl so frustriert, dass sie ihr Leid endlich jemandem klagen musste.

In dem Unternehmen, mit dem sie zusammenarbeitete, hatte sie mit so vielen erfolgreichen Menschen zu tun, die sie mit Respekt behandelten und sie ermutigten, dass sie zunächst optimistisch war. Aber mit jeder Woche schien die Aussicht, den gleichen Erfolg wie diese Menschen zu haben, geringer zu werden. Denn sie war anscheinend absolut unfähig, Kunden per Telefonansprache zu werben, geschweige sie zu halten. Ihr Vorhaben, regelmäßig mehrere Akquisitionsgespräche am Tag zu führen, verkam bald zu einem bloßen Wunschdenken. Ihr Arbeitstag bestand schließlich darin, auf den rettenden Einfall zu warten, wie sie an Kunden gelangen könnte. Vielleicht ein neues Konzept zum Versenden von Direktmails oder eine goldene Regel, wie man Akquisitionsgespräche führen musste.

»Susie.« Die warme Stimme Highgrounds riss sie aus ihren trübsinnigen Gedanken.

»Oh, bitte entschuldigen Sie«, sagte sie verlegen. »Bitte verzeihen Sie mir. Ich kann einfach nicht aufhören, über alles nachzugrübeln.«

»Susie – darf ich Sie so anreden?«

»Aber gern. Alle meine Freunde nennen mich so.«

»Susie, Sie sind ganz sicher keine Versagerin«, begann Highground. »Sie sind einfach an einem Punkt, an den alle Menschen zu einem bestimmten Zeitpunkt in ihrer Karriere und ihrem Leben gelangen. Sie sind auf der Leiter.«

»Der Leiter?«, wiederholte sie.

Highground lachte. »Ich meine das bildlich. Sie stehen mitten auf der Leiter und damit vor einer wichtigen Entscheidung. Sie müssen sich entscheiden, ob Sie hinuntergehen wollen, dorthin, wo Sie hergekommen sind. Oder ob Sie nach oben steigen möchten, in ungewohnte Höhen, dorthin, wo das Neue und Unbekannte ist. Sie brauchen einen Plan, der Ihnen zeigt, wie Sie weiter nach oben steigen können. Und ich garantiere Ihnen, Sie werden vorwärts kommen. Macht das für Sie Sinn?«

»Ganz und gar«, antwortete Susie.

»Gut«, fuhr Highground fort, »bevor wir uns treffen, sollten Sie wissen, dass meine Art, den Menschen zu helfen, nicht für jeden geeignet ist. Meine Philosophie oder meine Geschäftsmethoden entsprechen nicht dem Stil oder den Bedürfnissen jedes Menschen. Daher muss ich Ihnen, bevor ich entscheide, ob ich Sie treffen werde, einige Fragen stellen. Sind Sie einverstanden?«

»Ja«, meinte Susie, »ich denke schon.«

»Gut. Erste Frage: *Mögen Sie sich selbst?*«

Susie fing fast an zu lachen. *Was für eine Frage! Ob Sie sich selbst mochte?*

Sie hörte aufmerksam zu, als Highground fortfuhr: »*Mit anderen Worten, möchten Sie mehr Sie selbst werden und die Talente, die Ihnen mitgegeben wurden, fördern, statt irgendjemanden nachzuahmen?*«

»So habe ich das noch nie betrachtet«, antwortete Susie, »ich kann nicht sagen, dass ich mit meiner gegenwärtigen Situation

hundertprozentig glücklich bin, aber was mich selbst angeht –
ja, vom Grundsatz her mag ich mich selbst.«

»Sehr gut«, erwiderte Highground. »Denn ich helfe Menschen
dabei, mehr sie selbst, authentischer zu werden. Das ist es, was
andere Menschen anzieht.«

Susie horchte auf. *Was für ein wunderbarer Gedanke.*

»So, jetzt die zweite Frage, Susie. Sind Sie bereit? *Sind Sie von Ih-*
rem Produkt und Ihrer Firma überzeugt? Sind Sie stolz darauf, sich mit
Ihrer Organisation und Ihrer Tätigkeit voll und ganz zu identifizieren?«, fragte er. »*Es kann nicht nur darum gehen, Geld zu verdienen.*
Ich frage, weil ich Ihnen zeigen werde, wie Sie Fürsprecher
gewinnen können, die sich lebenslang für Sie und Ihre Firma
einsetzen. Dazu ist es unerlässlich, dass Sie selbst absolut überzeugt von sich, Ihren Produkten und Ihrer Firma sind. Nur mit
dieser Einstellung werden Sie andere Menschen, mit denen Sie
geschäftlich in Verbindung stehen, überzeugen können – von
Ihnen, von Ihren Produkten, von Ihrer Firma.«

»Natürlich«, antwortete Susie mit Nachdruck. »Deswegen
habe ich mich ja überhaupt erst selbstständig gemacht.«

»Hervorragend«, meinte Highground. »Jetzt zur dritten Frage. Und das ist wahrscheinlich die schwierigste. *Sind Sie gewillt,*
›den Kurs zu halten‹? Jeder Mensch ist anders, deswegen arbeitet jeder
auf eine andere Weise mit meinem System. Die einzige Voraussetzung, die
jeder mitbringen muss, ist die, die ich ›konsequentes Handeln‹ nenne. Sie
werden zwar sofort Erfolge sehen, die wirklich langfristige Wirkung jedoch, auf der Sie Ihr Geschäft und Ihr Leben begründen
können, tritt nur dann ein, wenn Sie dieses Marketingkonzept
auf Ihre Situation und Bedürfnisse anpassen und ungefähr vier
Monate lang täglich und konsequent einsetzen. Es wird dann mit
jedem Monat umfassender und intensiver werden. Das gesamte
Konzept dreht sich also darum: Können Sie einem Konzept treu

bleiben, das Telefonakquise ausschließt, jedoch Ihr tägliches Engagement verlangt?«

Susie war erstaunt. Das alles hörte sich sehr gut an! »Also, ja. Ich will es versuchen«, antwortete sie entschieden.

»Fein, Susie«, erwiderte er. »Treffen wir uns heute Nachmittag um etwa 15 Uhr im Café? Passt Ihnen das?«

»Ja, ich werde da sein.«

»Gut. Dann bis nachher.«

Bevor Susie sich bedanken konnte, sprach Highground weiter: »Oh, eine Sache noch.«

»Ja?«, erwiderte sie.

»Sie werden das toll hinbekommen.«

Kaum hatte Susie ihr Handy ausgeschaltet, überfielen sie ihre alten Selbstzweifel. Worauf hatte sie sich da eingelassen? Aber sie vertraute Chuck, und dieser Herr Highground war doch ein guter Freund von Chuck. Sie schaute flüchtig in den Spiegel. »Du hast nichts zu verlieren«, murmelte sie zu sich selbst.

Sie würde da sein.

KAPITEL 2

Kombinieren Sie die vier Erfolgsprinzipien

Um genau 15 Uhr betrat Susie Chucks California Coffee Café & Bistro und wurde von Chuck mit einem warmherzigen Lächeln begrüßt. Er winkte ihr erfreut zu, reichte ihr eine Tasse mit ihrem frisch zubereiteten Lieblingskaffee und deutete mit einem aufmunternden Kopfnicken auf einen Tisch ganz in der Nähe. Susie nahm die Tasse entgegen und schaute zu dem Tisch hinüber.

Auf dem kleinen Zweipersonentisch standen ein Reservierungsschildchen und eine große weiße Kaffeetasse, die offenbar für David Highground gedacht war. Susie schaute sich um, und da sie niemanden in der Nähe sah, schlenderte sie auf den Tisch zu. Die weiße Tasse war mit starkem schwarzem Kaffee gefüllt. Sie stellte ihre Tasse ab und setzte sich.

»Hallo.«

Susie zuckte zusammen. Neben ihr stand ein silberhaariger, schlanker, gut angezogener Mann.

»Ich wollte Sie nicht erschrecken. Ich bin David Highground.«

Sie stand auf. »Oh nein, Sie haben mich nicht erschreckt, ich habe Sie nur nicht gesehen ...«, murmelte sie verlegen.

Sie wendete sich Chuck zu, der ihr aufmunternd zunickte und dann beschäftigt davoneilte.

Highground zeigte ein breites Lächeln und wies auf ihren Stuhl. »Setzen Sie sich, Susie, und dann reden wir zusammen.«

Sie setzten sich. Susie trank einen Schluck Kaffee und war plötzlich nervöser und weniger zuversichtlich, als sie erwartet hatte. So recht konnte sie diesem Highground noch nicht vertrauen, dazu kannte sie ihn zu wenig. Zudem erschien er ihr ein wenig mysteriös. Doch sie dachte an Chuck – dem vertraute sie doch und er war Highgrounds Freund. Sie entschloss sich, Highground gegenüber offen zu sein.

Highground musste ihre Zweifel bemerkt haben, denn er sagte: »Sie zögern etwas, nicht wahr? Ich verstehe das, es ist ganz natürlich. Der Grund für meine Anwesenheit ist jedoch, dass ein guter Freund Sie an mich verwiesen hat, richtig?«

»Richtig«, antwortete sie, ein wenig verlegen, weil sie so leicht zu durchschauen war.

»Gut, dann *bin ich es ihm schuldig, mich um Sie zu kümmern.* Wissen Sie, warum? Ganz egal, wie hervorragend meine Geschäftskonzepte sein mögen, die Beziehung, die ich zu Chuck habe, ist wesentlich kostbarer als jeder Ratschlag, den ich zu bieten habe. Ich würdige also meine Beziehung zu ihm, indem ich Ihnen helfe.«

Sie spürte, dass sich hinter diesem Satz mehr verbarg als nur der Versuch, ihr zu helfen, sich zu beruhigen, und fragte: »Was meinen Sie damit?«

»Ich möchte damit sagen, dass der Grund, warum wir uns heute hier begegnen, der Schlüssel zu allem ist, was Sie in den nächsten zwei Tagen erfahren werden. Betrachten wir es einmal andersherum. Sie schätzen Chucks Freundschaft, nicht wahr?«

»Ja, das tue ich.«

»Wenn er Sie bitten würde, etwas zu tun, was in Ihrer Macht steht, würden Sie dies dann nicht so gut wie möglich machen wollen?«

»Ja, natürlich. Ich würde Chuck nicht enttäuschen wollen.«

»Warum?«

»Weil ich die Beziehung und die Freundschaft zu ihm sehr schätze.«

»Genau darum geht es. Wenn Sie verstehen, dass *Ihre Beziehungen wichtiger sind als Ihre Produkte oder Dienstleistungen,* und Sie bereit sind, diesen Beziehungen den allerhöchsten Stellenwert einzuräumen, werden Ihre Kunden und die Menschen, denen Sie zukünftig begegnen werden, spüren, dass Ihr Interesse an ihnen wirklich ernst gemeint ist. Sie werden spüren, dass es Ihnen nicht zuallererst darum geht, ihnen etwas zu verkaufen, sondern um die Beziehung selbst. Und dann werden diese Menschen Sie gern an ihre Freunde, Kollegen und Bekannte weiterempfehlen. Wenn jemand, den sie kennen, Bedarf an Ihren Produkten oder Dienstleistungen hat, wissen sie, dass er bei Ihnen gut aufgehoben ist.«

Er überlegte einen Augenblick. »Ich möchte das, was ich sagen will, in ein Bild kleiden. Darf ich?«

»Gern.«

»Stellen Sie sich die Welt als Hühnerstall vor. Die Hühner sind unsere möglichen Kunden. Wir rennen hin und her und versuchen, unsere Produkte an die Hühner zu verkaufen. Heute an dieses Huhn, morgen an das nächste. Wir müssen immer wieder von vorn anfangen und uns ein neues Huhn suchen. Wenn wir aber eine Beziehung zu diesen Hühnern aufbauen, sie versorgen, mästen und die Beziehung zu ihnen pflegen und von ihnen an jedes Huhn, das sie kennen, weiterempfohlen werden – dann müssten wir nicht länger jeden Tag ein neues Huhn finden, an das wir unsere Produkte verkaufen könnten. Und wir hätten jeden Tag Omelette.«

»Ein sehr lebendiges Bild«, meinte Susie und lächelte.

Highground lehnte sich in seinem Stuhl zurück. »Ich weiß, es klingt erstaunlich einfach. Einfache Wahrheiten – die sind im Geschäftsleben selten zu hören, nicht wahr? Die meisten Geschäftskonzepte beruhen auf kurzfristigen Überlegungen: einen Kunden fangen, ihn verlieren – und dann auf zum nächsten Kunden und wieder zuschlagen. Denken Sie einmal darüber nach: Die meisten großen Unternehmen entwickeln umfangreiche und hochkomplexe Marketingstrategien, die Monate, manchmal ein ganzes Jahr im Voraus geplant werden. Alles, was zählt, ist der Verkauf. Darüber, wie die Beziehung zum Kunden über den eigentlichen Verkaufsprozess hinaus aufrechterhalten werden kann, wird kaum nachgedacht. Darüber freut sich vor allem die Konkurrenz. Denn die kann nun diesen Kunden in Ruhe für sich gewinnen. Und sich darum kümmern, dass er dieses Konkurrenzunternehmen weiterempfiehlt. Und welcher Unternehmer fragt sich schon, zu welchem Persönlichkeitstyp er gehört und ob seine Verkaufsstrategie zu diesem Typ passt? So gut wie keiner. Stimmen Sie mir zu?«

Susie dachte an all die Seminare, Vorträge und Veranstaltungen, an denen sie teilgenommen hatte. Alles drehte sich dabei um ›den Markt‹ und ums Verkaufen, Verkaufen, Verkaufen. Der Kunde war ein gesichtsloses Etwas. Und die ständige Frage war: ›Wie finde ich Kunden?‹ Nie ging es darum, wie man zu den Kunden Beziehungen aufbauen und diese Beziehungen dann pflegen konnte, um den Kunden langfristig an sich zu binden. »Ja«, musste sie zugeben, »ich fürchte, Sie haben Recht.«

»Doch was passiert, wenn Sie diesen Gedanken umdrehen?«, fragte Highground und beschrieb einen Halbkreis. »Erst kommt der Kunde, dann das Produkt oder die Dienstleistung! Lassen Sie mich das anders ausdrücken: *Ich möchte Ihnen aufgrund meiner Bezie-*

hung zu Chuck gute Dienste leisten. Sagen Sie mir ehrlich: Wären Sie hergekommen, wenn wir keinen gemeinsamen Freund gehabt hätten?«

»Nein«, gab sie zu und trank einen Schluck Kaffee. »Ohne Sie beleidigen zu wollen, aber wahrscheinlich nicht.«

»Dann sind Sie also hier und schenken mir Ihre Zeit wegen Ihrer Beziehung zu Chuck. Und wenn Chuck uns beide nicht schätzen würde, würden wir hier wohl sitzen?«

»Nein, wohl nicht«, sagte sie. »Beziehungen. Das ist wunderbar, aber wie kann das auf lange Sicht gut gehen? Das klingt zu schön, um wahr zu sein.«

Highground lächelte, als ob er diesen Einwand schon früher einmal gehört hatte. »Was Sie gerade kennen lernen, ist die Basis, auf der Sie ein Geschäft aufbauen können – und übrigens auch Ihr ganzes Leben. Denn es ist mehr als nur ein Geschäftstipp oder ein System, es ist eine Philosophie, eine grundsätzliche Lebenseinstellung. Sind Sie bereit, mir weiter zuzuhören?«

Susie nickte kurz, aber immer noch war sie skeptisch.

»Sie werden sehen«, sagte er, »warten Sie nur ab.« Und dann schob Highground ihr ein kleines Notizbuch zu. »Dieses kleine Notizbuch ist Ihre Arbeitsgrundlage für die nächsten zwei Tage. Hier werden Sie sich wichtige Notizen machen, wenn Sie wollen – Notizen, aus denen dann schließlich Ihr konkreter Aktionsplan hervorgeht, der alles, was Sie gelernt haben, und alles, was Sie wissen müssen, enthält.«

Susie setzte ihre Kaffeetasse etwas zu heftig ab, und so verschüttete sie etwas Kaffee auf dem neuen Notizbuch.

»Oh nein!«, rief sie entsetzt aus und wischte hektisch mit ihrer Serviette auf dem Büchlein herum. Highground half ihr, und in der nächsten Sekunde lachten beide.

»Es tut mir Leid«, sagte Susie.

»Aber Susie, Sie können den Start in Ihr neues Berufsleben kaum besser als mit Chucks Kaffee taufen!«

»Hey, nicht so laut ihr zwei da drüben!« Highground blickte sich zur Eingangstür um und winkte. »Ah, da ist einer der Menschen, die Sie kennen lernen werden! Sheila Marie! Wie geht es Ihnen?«

Sheila Marie grüßte und widmete sich dann wieder dem Paar, das sie begleitete und mit dem sie an ihrem Lieblingstisch Platz nahm.

»Susie, in den nächsten zwei Tagen werden Sie vier sehr verschiedene Menschen kennen lernen, die einmal genau da standen, wo Sie heute stehen, und diese Frau ist eine von ihnen.«

Susie schaute sich um. »Ja sicher, ich erinnere mich an sie. Sie ist hier ebenfalls Stammgast.«

»Und dort ist noch jemand.« Highground zeigte auf Paul, der am Tresen stand und seinen Kaffee zum Mitnehmen bezahlte.

Überrascht sagte Susie: »Auch diesen Menschen kenne ich.«

»Überlegen Sie einmal: Ist das wirklich so überraschend? Sie kennen Chuck, die beiden kennen Chuck. Und ich wette, Sie kennen auch Philip und Sara, die zwei weiteren Menschen, denen Sie demnächst begegnen werden. Und die kennen natürlich auch Chuck. Wir alle kennen erstaunlich viele Menschen, die wiederum viele andere Menschen kennen. Und doch waren alle vier vor noch gar nicht langer Zeit genau an dem Punkt, an dem Sie sich jetzt befinden.«

»Sie waren alle an einem ähnlichen Punkt wie ich? Das kann ich kaum glauben. Sie sehen so … erfolgreich aus.«

Highground schwieg kurz und sagte dann etwas oberlehrerhaft: »Und Sie glauben, Sie müssen so sein wie sie, um Erfolg zu haben?«

»Warum nur habe ich das Gefühl, dass dies eine Fangfrage ist?«

»Erinnern Sie sich an die erste Frage, die ich Ihnen stellte?«

»Ja. Mag ich mich selbst? Eine sehr interessante Frage.«

Highground nickte. »Ich habe über die Jahre, in denen ich meine Geschäftsphilosophie vermittle, eine sehr einfache, aber wichtige Wahrheit erlernt. Man kann niemanden ändern und man sollte es auch nicht versuchen. Man kann zwar einige Verhaltensweisen verändern und ein oder zwei Wissenslücken schließen, aber der Mensch selbst kann nicht verändert werden. Jedenfalls nicht auf lange Sicht.

Wir alle haben unsere Begabungen und Talente auf bestimmten Gebieten – und es sind diese Begabungen und Talente, die wir nutzen müssen. Das heißt: Wir müssen mehr wir selbst sein, nicht weniger.« Er machte eine Pause, um die Bedeutung seiner Worte zu unterstreichen, und fuhr dann fort: »Sehen Sie Sheila Marie dort drüben? Wissen Sie, was ihr Problem war? Sie fällt unter die Kategorie von Menschen, die ich mit dem Begriff ›persönlich-persönlich‹ beschreibe. Sie hat sich früher das Leben schwer gemacht, indem sie versucht hat, eine ›geschäftsmäßig-geschäftsmäßig‹ Person zu sein, weil sie der Meinung war, dass sie das sein musste, um in ihrem Beruf bestehen zu können.«

»Persönlich-persönlich? Geschäftsmäßig-geschäftsmäßig?«, echote Susie.

»Okay, lassen Sie mich deutlicher werden«, sagte Highground. »Ich glaube, dass wir die menschlichen Verhaltensweisen durch vier ›Fenster‹ betrachten müssen. Das gilt für geschäftliche und private Beziehungen. Andere Menschen sehen uns und unseren Stil durch die gleichen Fenster. Wenn wir nicht wir selbst sind, wenn wir versuchen, jemand anders zu sein, fühlen wir uns unwohl, ganz egal, wie sehr wir versuchen, das zu verbergen. Und unsere Kunden fühlen sich dann zwangsläufig ebenso unwohl, weil sie spüren, dass wir nicht wir selbst sind.«

Susie runzelte die Stirn. »Sagten Sie vier ›Fenster‹? Wofür stehen die übrigen zwei?«

»Gut, gehen wir alle vier durch. Kennen Sie Menschen, denen in jeder Situation daran gelegen ist, eine gute Beziehung zu anderen Menschen aufzubauen, die also sehr beziehungs- und menschenorientiert sind? Diese Menschen sind ›persönlich-persönlich‹ orientiert. In der Mitte stehen die persönlich-geschäftsmäßigen und die geschäftsmäßig-persönlichen Menschen. Am anderen Ende der Skala steht der geschäftsmäßig-geschäftsmäßige Typ, der vor allem am Ergebnis interessiert und aufgabenorientiert ist.«

»Und worunter falle ich?«

Highground lächelte. »Das können nur Sie selbst beurteilen. Tatsächlich werden Sie in den nächsten zwei Tagen nicht nur entscheiden, zu welchem Typ Sie gehören, sondern Sie werden auch erfahren, wie Sie die Entscheidung akzeptieren können und was dies für Ihren Beruf bedeutet.«

»Also, ich darf ich selbst sein, und ich werde mit Menschen zu tun haben, die jemanden kennen, den ich kenne?«

»Richtig.«

»Und das klappt, weil der Mensch an erster Stelle steht? Beziehungen sind wichtiger als das, was unterm Strich als zählbarer Erfolg herauskommt? Und das, so seltsam es klingen mag, führt dazu, dass auch meine Geschäfte besser laufen?«

»Mit ein wenig Hilfe Ihrerseits natürlich. Sie werden darüber bald mehr erfahren. Aber Sie verstehen den Gedanken, der dahinter steckt.«

Susie öffnete das Notizbuch. Es war in vier Bereiche unterteilt. Jeder Bereich wurde mit einer Abbildung eingeleitet, die ein

Kombinationsschloss zeigte, über dem die Worte zu lesen waren: ›Die richtige Kombination zum Erfolg‹. Sie blätterte die Seiten durch und blickte David Highground fragend an. »Verstehen Sie mich nicht falsch, Herr Highground, aber das erscheint mir zu einfach. Warum macht das nicht jeder?«

»Sie kennen sicher das alte Sprichwort ›Man sieht den Wald vor lauter Bäumen nicht‹? Die meisten Menschen sind jeden Tag zu sehr damit beschäftigt, den umstürzenden Bäumen im Berufsleben auszuweichen, statt darüber nachzudenken, wie einfach und lohnenswert es wäre, die Menschen richtig zu behandeln und die Dinge richtig anzupacken. Dieses System hier funktioniert – weil es Ihre Persönlichkeit berücksichtigt und einbezieht. Es mag auf den ersten Blick einfach erscheinen, in Wirklichkeit jedoch ist es ein sehr komplexes System. Erinnern Sie sich an die dritte Frage, die ich Ihnen stellte?«

Susie überlegte fieberhaft. »Warten Sie, war es nicht: ›Sind Sie gewillt, den Kurs zu halten‹?«

»Ich verkaufe keine Wunderrezepte, Susie. Mein System funktioniert, weil es auf einfachen Wahrheiten beruht, durch die sich, konsequent angewandt, bedeutende Erfolge erzielen lassen. Wichtig ist, dass Sie das System konsequent und ausdauernd anwenden. Darum habe ich Sie gefragt, ob Sie eine Person sind, die ›den Kurs halten kann‹. Und das ist der Punkt, an dem ich anfangen werde, Sie den Menschen vorzustellen, die das System gelebt haben und es mit Ihnen teilen wollen.« Highground deutete auf das Notizbuch. »Lesen Sie bitte das erste Prinzip vor.«

Das gezeichnete Kombinationsschloss zeigte oben einen Pfeil, der auf ›1. Prinzip‹ wies. Darunter standen folgende Worte, die Susie laut vorlas:

1. PRINZIP:

DIE 250-MAL-250-REGEL. ES ZÄHLEN NICHT NUR
DIEJENIGEN MENSCHEN, DIE MAN SELBST KENNT,
SONDERN – VIEL WICHTIGER – DIEJENIGEN,
DIE DIE KUNDEN KENNEN.

Sie schaute auf.

Highground beugte sich vor. »Morgen früh treffen Sie Sheila Marie. Sie
wird Ihnen dieses Prinzip erläutern.
Lesen Sie weiter.«

Susie blätterte um. Wieder erblickte sie ein Kombinationsschloss, doch unter dem Pfeil stand jetzt ›2. Prinzip‹, als ob die
Wählscheibe sich bewegt hätte. Sie las den Satz darunter.

2. PRINZIP:

LEGEN SIE EINE DATENBANK AN UND TEILEN SIE DIE
DATEN IN DIE KATEGORIEN A, B UND C EIN.

»Das ist Pauls Aufgabe«, sagte Highground. »Wir treffen ihn morgen Mittag, und er wird Ihnen dieses Prinzip
erklären. Ein ganz liebenswerter und
sehr kompetenter Mann.« Highground
deutete wieder auf das Notizbuch.
»Gut, nun zum dritten Prinzip.«

Susie blätterte um. Das gleiche Bild eines Kombinationsschlos-
ses, nur dass die Wählscheibe sich wieder bewegt hatte und
›3. Prinzip‹ jetzt ganz oben unter dem Pfeil stand. Sie las:

3. Prinzip:

›Sagen Sie es mir einfach.‹ Erklären Sie Ihren
Kunden, wie Sie arbeiten und welchen Wert Sie
für die Kunden haben, indem Sie regelmässig,
konsequent und nachhaltig von sich hören
lassen.

Susie sah ein wenig verwirrt aus.

Highground bemerkte es. »Keine Sorge. Sie werden alles sehr bald verstehen. Philip wird Ihnen dieses Prinzip erläutern, er ist unübertroffen darin. Gut, lesen Sie das letzte Prinzip. Das ist Saras Bereich.«

Susie blätterte um.

Der Pfeil des Schlosses zeigte jetzt auf das ›4. Prinzip‹, und das Kombinationsschloss war nun geöffnet. Aus irgendeinem Grund musste sie darüber lächeln. Sie las:

4. Prinzip:

Bleiben Sie in Kontakt, ständig, persönlich
und systematisch.

Susie sagte, wiederum mit einem Lächeln beim Anblick des Sicherheitsschlosses: »Die Metapher jedenfalls ist eingängig.«

Highground nickte ihr zu. »Und nachdem Sie meine vier ›prinzipien-

treuen‹ Freunde getroffen haben, werden Sie feststellen, dass es sich hier um viel mehr als nur eine Metapher handelt. Zahlreiche

Türen werden sich Ihnen öffnen – natürlich müssen Sie sich dabei an die Kombination erinnern.«

Susie schüttelte den Kopf, irgendwie überwältigt von allem, und schloss das Notizbuch. »Darf ich es behalten?«

»Sicher. Bringen Sie es morgen mit und auch Ihren Lieblingsfüller oder -bleistift, denn Sie werden ein paar sehr wichtige Notizen unter jedes Prinzip machen.«

Highground stand auf. »Ich denke, Sie sind etwas müde und ein wenig durcheinander. Trotzdem hoffe ich, dass Sie dem morgigen Tag mit Spannung entgegensehen.«

Susie erhob sich ebenfalls. »Ja«, sagte sie voller Überzeugung, »das tue ich. Vielen Dank.«

Highground zeigte wieder sein breites Lächeln. »Danken Sie mir nicht zu früh. Sie stehen erst am Beginn Ihrer Reise. Seien Sie morgen um 8 Uhr hier, um Sheila Marie zu treffen. Ich treffe Sie dann danach, ist Ihnen das recht?«

»Sie werden nicht hier sein?« Susie fühlte sich plötzlich wieder leicht überfordert.

»Sheila Marie wird sich herzlich gern um Sie kümmern. Vertrauen Sie mir. Sie ist der persönlich-persönliche Typ. Sie werden sehr schnell herausfinden, was das bedeutet. Man ist gern mit ihr zusammen, und sie freut sich schon sehr darauf, Sie morgen Vormittag zu treffen.« Er neigte den Kopf leicht zur Seite. »Wissen Sie, warum? Weil es in ihrer Natur liegt. Sie ist so.« Mit einem Winken steuerte Highground auf die Tür zu. »Sie werden zwei wunderbare Tage erleben, Susie«, rief er ihr noch zu. Und dann verschwand er.

So erschien es Susie zumindest. Sie blickte sich um. Das Café war immer noch der beruhigende, fröhliche Ort, der er immer war. Irgendetwas jedoch hatte sich verändert. Susie beugte sich vor und griff zu ihrem Notizbuch.

»Ist er nicht wunderbar?«, sagte eine Stimme hinter ihr. Es war Chuck, der, beladen mit einem Karton voller Kaffeetassen, an ihr vorbeisauste. »Genau wie Sheila Marie. Bis morgen früh!«

Woher wusste Chuck von dem Treffen? Leicht benommen winkte Susie Chuck zu, ergriff ihr Notizbuch und verließ das Café. Auf dem Weg zu ihrem Auto blickte sie sich nach allen Seiten um, als ob sie erwartete, diesem mysteriösen Herrn Highground noch einmal zu begegnen.

Susie wunderte sich über dieses überraschende Gefühl und zog vor Erstaunen ihre Augenbrauen hoch. »Ich denke, das ist ein gutes Zeichen«, sagte sie zu sich selbst. Sie freute sich auf morgen. Wirklich.

KAPITEL 3

Wichtig ist, wen Ihre Kunden kennen

Am nächsten Morgen um Punkt 8 Uhr ging Susie langsam in das Café und schaute sich um. Sheila Marie Deveroux, die ein hellblaues Leinenkleid und einen farbenfrohen Schal trug, stand mit einer Frau und einem Mann zusammen, beide in den Siebzigern und würdevolle Erscheinungen.

Zögernd blieb Susie an der Eichenbar stehen.

»Guten Morgen, Susie. Das Übliche?«, fragte Chuck.

Susie grüßte, nickte und schaute nach hinten zu Sheila Marie.

»Ja, das ist sie«, sagte Chuck zu Susies Überraschung.

»Sie wissen, dass ich Sheila Marie treffe?«, fragte sie.

»Sicher doch«, meinte Chuck, reichte ihr den Kaffee und nahm ihr Geld entgegen. »Sie wird Ihnen gefallen. Kein Wunder, sie ist der persönlich-persönliche Typ.« Bevor Susie antworten konnte, war er schon zum nächsten Kunden geeilt.

Susie beobachtete Sheila Marie eine Weile lang. Ihr wurde klar, warum sie ihr so vertraut vorkam. Auf so gut wie jedem Plakat in der Stadt, auf denen Immobilien zum Verkauf angeboten wurden, fand sich Sheila Maries Gesicht wieder. Und plötzlich fühlte sich Susie ziemlich eingeschüchtert von dem Erfolg dieser Frau.

Das geht nie im Leben gut, sagte sie zu sich selbst. Sie überlegte schon, ob sie wieder gehen sollte. Doch dann blickte sie direkt in die Augen von Sheila Marie und wurde sofort von dem bezaubernsten Lächeln eingehüllt. Sheila Marie schien sie direkt anzustrahlen. Zumindest dachte sie, das Lächeln würde ihr gelten. Das konnte doch nicht sein! Sie blickte sich um, nach links und nach rechts, wie um sich zu vergewissern, dass sie gemeint war. Aber es war tatsächlich so, die Frau lächelte Susie freundlich an.

Sheila Marie winkte ihr zu, hob einen Finger hoch, um ihr zu signalisieren, dass es noch einen Moment dauern würde, stand auf und begleitete das Paar zum Ausgang. Sie gingen so dicht an Susie vorbei, dass diese gar nicht anders konnte, als das Ende des Gesprächs anzuhören.

Susie hörte, dass das gut situierte Paar aus sehr persönlichen Gründen in die Gegend ziehen wollte. Sheila Marie hörte ihnen genau zu. Dem Blick nach zu urteilen, mit dem sie das Paar betrachtete, nahm sie wirklich Anteil an dem, was sie hörte. An einer Stelle berührte sie sogar tröstend den Arm der älteren Frau.

»Sie glauben also, dass das Haus den besonderen Bedürfnissen unserer Tochter und ihrem Sohn angepasst werden kann?«, fragte die Frau.

Sheila Maries Antwort war verblüffend. Sie redete nicht über den Immobilienmarkt, nicht über das schöne Haus oder den günstigen Preis – sie schien an alles andere zu denken als an den in Aussicht stehenden Abschluss. Stattdessen sagte sie: »Wenn dieses Haus nicht für Sie geeignet ist, dann finden wir eben ein anderes. Das können wir genau beurteilen, sobald sich der Bauunternehmer, mit dem ich befreundet bin, alles angeschaut hat und sagen kann, ob es sich nach Ihren Wünschen umbauen lässt.«

Das Paar schaute sich an und wirkte erleichtert.

Dann fügte Sheila Marie noch mit leiser Stimme hinzu: »Ich weiß, ich habe es schon einmal gesagt, aber ich möchte, dass Sie wirklich von dem Haus überzeugt sind. Es ist für niemanden einfach, in eine neue Gegend zu ziehen, wo man niemanden kennt, besonders, wenn man sich in einer derart schwierigen Situation befindet wie Sie. Immer, wenn meine Kunden ein Haus kaufen, fühle ich mich für ihr zukünftiges Leben mitverantwortlich. Bitte zögern Sie daher nicht, mich um Rat zu fragen – wie einen guten Nachbarn. Und sollte ich Ihnen jemals darüber hinaus bei Problemen im Zusammenhang mit Ihrem Enkel behilflich sein können, egal ob jetzt oder in einem Jahr, dann sagen Sie es mir. Meine Mitarbeiter und ich sehen unsere Aufgabe vor allem darin, unsere Kunden zu unterstützen, zufrieden zu sein. Es freut uns und macht uns glücklich, wenn wir unseren Kunden behilflich sein können.«

Der alte Mann schien sich sehr darüber zu freuen. »Es stimmt, was George von Ihnen erzählt hat, Sheila Marie. Nicht wahr, Maggie?«

Die ältere Frau atmete, wie es Susie erschien, erleichtert auf.

Sheila Marie machte den Eindruck, als ob sie sich glücklich schätze, dem älteren Paar seine Ängste genommen zu haben. »Wir treffen uns nach dem Mittagessen, ist Ihnen das recht?«, fragte sie, bevor sie das Paar verabschiedete.

Kurz darauf kam Sheila Marie in der besten Stimmung auf Susie zu.

»Susie? Sie sind Susie McCumber, nicht wahr? David Highground versteht es wirklich, Menschen zu beschreiben.«

»Ja, ich bin Susie.«

»Wunderbar. Highground hat mir alles von Ihnen erzählt. Er meint, Sie hätten eine aussichtsreiche Zukunft vor sich.«

Die herzliche Bemerkung heiterte Susie auf, auch wenn sie ihre grundsätzlichen Bedenken immer noch nicht aufgegeben hatte. »Na ja«, meinte sie ein wenig verlegen, »jedenfalls behauptet er das stets.«

»Dann glauben Sie es. Ich habe noch nie erlebt, dass er sich geirrt hat. Kommen Sie, machen wir eine kleine Autofahrt. Ich muss mir noch eine weitere Immobilie für dieses Paar anschauen, nur für den Fall, dass das Haus, das sie sich ausgesucht haben, ungeeignet ist.«

Susie hatte kaum ihren Kaffee abgesetzt, als Sheila Marie sich schon bei ihr einhakte und sie in Richtung ihres Autos zog – das Nummernschild des weißen Mercedes trug eine persönlich gehaltene Aufschrift, nämlich ›Sheila Marie‹.

Als sie bequem in der braunen Lederpolsterung des wunderschönen Autos saß, sprach Susie aus, was sie dachte. »Wissen Sie, ich bewundere es, wie Sie Ihr Leben unter Kontrolle haben, Sheila Marie. Sie wirken so erfolgreich und selbstbewusst.«

»Das war nicht immer so.« Sheila Marie richtete ihre Augen kurz auf Susie, während der Wagen um die Ecke bog. »Als man mir David empfahl, hatte ich nichts unter Kontrolle. Meine Nerven lagen blank und mein Selbstwertgefühl war so am Boden, dass ich kaum den Tag überstand. Aber David sagte: ›Sheila Marie, Ihr Problem liegt darin, dass Sie der persönlich-persönliche Typ sind, der versucht, die Welt davon zu überzeugen, dass Sie eine geschäftsmäßig-geschäftsmäßige Person sind.‹ Meine ganzen Bemühungen waren umsonst, weil ich gegen meine Natur handelte. In den Begegnungen mit anderen Menschen und bei Geschäftskontakten zeigte ich nicht *mein wahres* Gesicht. Ich verstellte mich – verstehen Sie?« Sheila Marie strahlte über das ganze Gesicht. Susie musste das Lächeln einfach erwidern.

»Aber was bedeutet das eigentlich – persönlich-persönlich?«

»Nun ja, das ist eine gute Frage, und ich nehme an, Highground wird Ihnen das heute Nachmittag genauestens erklären. Für mich bedeutet es, dass ich der Typ Mensch bin, für den Mitmenschen und Beziehungen so wichtig sind, dass ich ihnen, ganz meiner Natur entsprechend, einen höheren Stellenwert einräume als meinen geschäftlichen und finanziellen Interessen. Diese Denkweise, so vermutete ich, hinderte mich daran, eine gute Geschäftsfrau zu sein. Glauben Sie mir, bei mir bestand nie die Gefahr, dass ich Geschäftsinteressen wichtiger einschätzen würde als die persönliche Beziehung zu meinen Kunden. Bei geschäftsmäßig-persönlichen Menschen und besonders bei geschäftsmäßig-geschäftsmäßigen Charakteren hat man meistens den Eindruck, als handelten sie allein aus reinem Profitdenken. Das stand bei mir nie an erster Stelle. Das Problem war nur, dass ich nicht genug verdiente, ganz egal, wie sehr ich die Menschen, mit denen ich zu tun hatte, mochte. Dann traf ich David Michael Highground. Mit seiner Hilfe schaffte ich es, ein System aufzubauen, das meiner Persönlichkeit und meiner Lebensart entspricht – und in weniger als vier Monaten änderte sich mein Berufsleben komplett.«

Sie bogen an der Ampel ab und kamen in die schönste Wohngegend der Stadt. »Glauben Sie wirklich, dass dasselbe System, das für Sie richtig ist, auch für mich und meinen Geschäftsbereich das richtige ist? Sie sind Immobilienmaklerin, die bei jedem Abschluss mit einer hohen Verkaufsprovision rechnen kann. Ich bin nicht sicher, ob das ebenso für meine Arbeit gilt.«

Sie hielten an einem Stoppzeichen und Sheila Marie schaute Susie an. »Lassen Sie mich diese Frage mit ein paar Gegenfragen beantworten, auf die Sie dann aber selbst eine Antwort finden müssen. Einverstanden?«

»Ja.«

»Zählen in Ihrem Beruf Beziehungen? Welche Stückzahlen Ihres Produktes würde ein Kunde in seinem ganzen Leben kaufen, wenn er sich von Ihnen gut bedient fühlte? Ist für Sie ein Marketingkonzept interessant, das Sie Ihrem Naturell entsprechend handeln lässt: begeistert von der Aufgabe – und nicht als aggressive Geschäftsfrau? Wären Sie lieber für Ihr Interesse am Wohlergehen Ihrer Kunden bekannt als für das, was Sie an Ihnen verdienen? Würden Sie lieber jeden Morgen mit dem Bewusstsein aufwachen, dass Sie das richtige System für sich gefunden haben, das schlagkräftigste und ökonomischste System, das in der Geschäftswelt bekannt ist – die Mund-zu-Mund-Werbung?«

Susie lächelte: »Ich nehme an, diese Fragen sind rhetorisch gemeint?«

Sheila Marie neigte den Kopf zu ihrer Beifahrerin. »In gewisser Hinsicht schon. Aber in anderer Hinsicht überhaupt nicht. Ich habe mir das Beste bis zum Schluss aufgehoben – das, was mich David Highground bat, Ihnen zu erklären: Würden Sie gern über ein erfahrenes, 250 Mitarbeiter starkes Verkaufsteam verfügen, das Sie nicht dafür bezahlen müssen, den Menschen, die sie kennen, zu erzählen, wie gut Sie und Ihre Firma sind?«

Susie musste beinahe lachen. »Wer würde das nicht?«

»Genau«, sagte Sheila Marie und fuhr die Auffahrt zu dem Haus, das sie sich anschauen wollte, hinauf.

»In meinem Geschäftsbereich«, so fuhr sie fort, »sprachen die Leute dauernd von ›Absatzkanälen‹ und rieten mir, mich auf meine wichtigsten Absatzkanäle zu konzentrieren. Ich dachte, genau das täte ich – bis ich Highground traf. ›Sheila Marie‹, sagte er, ›Sie werfen ständig mit Worten wie Absatzkanäle um sich. Wissen Sie eigentlich, was diese Worte bedeuten?‹ Natürlich habe ich nichts dazu gesagt, da mir klar war, dass ich jetzt etwas Wichtiges erfahren sollte. ›Lassen Sie diese technischen Begriffe beiseite. Absatzkanal – Ihre Kunden sind keine Kanäle. Vergrößern Sie besser Ihren persönlichen Einflussbereich. *Damit meine ich, dass Sie Ihre Kunden so behandeln sollten, dass sie Sie weiterempfehlen.‹*

Susie, ich habe seitdem gelernt, was es heißt, einen echten Einflussbereich aufzubauen und zu erhalten.« Sie wandte sich Susie zu. »Haben Sie das vorher schon einmal gehört?«

Susie zog ihr neues Notizbuch aus ihrer Tasche. »Herr Highground hat mir dieses Notizbuch gegeben. Was Sie erzählen, klingt ganz nach dem 1. Prinzip, stimmt's?«

»Stimmt«, sagte Sheila Marie, »*1. Prinzip: die 250-mal-250-Regel. Es zählen nicht nur diejenigen Menschen, die man selbst kennt, sondern – viel wichtiger – diejenigen, die die Kunden kennen.* Oder, wie ich es gern ausdrücke: Es zählen nicht nur die Menschen, die man selbst kennt, sondern auch diejenigen, die der Kunde kennt. Und für jemanden wie mich heißt das, dass ich 250 mal 250 potenzielle Bekannte habe, die für mein Immobiliengeschäft von Bedeutung sind. Jeden Tag bin ich aufs Neue gespannt darauf, wen ich wohl kennen lerne, um sie oder ihn in meine Liste aufzunehmen.« Sie lachte. »Wissen Sie, ich liebe diesen Teil meiner Arbeit und kann mir mein Leben ohne ihn gar nicht mehr vorstellen. Kaum zu glauben, dass ich vor nicht einmal zwei Jahren mein Geld für ein Marketingkonzept nach dem anderen verschwendet habe, nur um neue Kunden zu gewinnen – von Directmailings bis zur Telefonakquise.

Ich hatte sogar einen Mitarbeiter, der sich nur um die Telefonakquisition gekümmert hat«, fuhr Sheila Marie fort. »Können Sie sich das vorstellen? Da stand ich, ein Mensch, der Telefonakquise verabscheute, und versuchte verzweifelt, jemanden genau dazu zu motivieren! Wenn das nicht Ironie ist! Und mein Bruder hat mich tatsächlich gefragt, ob ich nicht lieber Trainingsseminare zur Verkäuferausbildung halten wolle!« Sie schüttelte den Kopf.

1. Prinzip: die 250-mal-250-Regel. Es zählen nicht nur diejenigen Menschen, die man selbst kennt, sondern – viel wichtiger – diejenigen, die die Kunden kennen.

»Es erscheint mir jetzt unvorstellbar. Und schlimmer noch, ich hätte diese Trainings fast angeboten, weil meine ›hervorragenden‹ Akquisitionsfähigkeiten so wenig eingebracht hatten, dass ich das Geld brauchte!« Sheila Marie schaute Susie an, und Susie schaute Sheila Marie an. Beide brachen in spontanes Gelächter aus. Es tat richtig gut.

»Oh, du meine Güte«, meinte Sheila Marie und wischte sich die Lachtränen aus den Augenwinkeln. »Verrückt, nicht wahr?«

»Verrückt, ja«, erwiderte Susie und ließ ihre Hand über das weiche Leder der Sitze gleiten. »Aber ich habe immer mehr den Eindruck, dass diese Regel so clever ist, als ob sie von einem sehr listigen Fuchs erfunden worden sei.«

»Ah, jetzt begreifen Sie. Wussten Sie, dass in einer großen Umfrage, in der Menschen, die gerade ein Haus über einen Makler gekauft hatten, gefragt wurden, ob sie die Dienste desselben Maklers noch einmal in Anspruch nehmen *würden*, fast 80 Prozent mit ›Ja‹ geantwortet haben? In einer anderen Umfrage jedoch wurden Immobilienkäufer gefragt, ob sie sich *tatsächlich* wieder an den gleichen Makler *gewandt hatten*, und das haben nur etwa 10 Prozent mit ›Ja‹ beantwortet! Wo nur sind die restlichen 70 Prozent geblieben? Ich weiß heute: Diese 70 Prozent sind verloren gegangen, weil sich die meisten Immobilienmakler nach dem Abschluss nicht darum bemühen, eine Beziehung zum Kunden aufzubauen, die sie dann animiert, denselben Immobilienmakler bei einem Folgeauftrag tatsächlich anzusprechen.

Das heißt: Wenn ich mich um die Menschen bemühe, mit denen ich ein Geschäft gemacht habe, und eine Beziehung zu ihnen aufbaue, erhalte ich jede Menge Folgeaufträge. Von diesen Menschen selbst, aber auch, weil sie mich weiterempfehlen. So komme ich jetzt auf 50 Verkäufe im Jahr – nicht schlecht, wenn man bedenkt, dass ein Makler in diesem Land durchschnittlich auf weniger als 15 Verkäufe im Jahr kommt. Genau da stand ich übrigens, bevor ich Highgrounds Philosophie kennen lernte. Ich machte mir einfach nicht die Mühe, mit den Menschen, die ich als Kunden gewonnen hatte, in Kontakt zu bleiben und diese Beziehungen zu pflegen. Susie, wenn Sie alle Empfehlungen, die ich hätte bekommen können, die aber stattdessen meiner Konkurrenz zugingen, aufaddieren, dann ...« Sie seufzte. »Nun gut, sagen wir einfach, dass ich mich jetzt sehr genau um meine Kunden und die 250 Menschen, die ich kenne und in meiner Datenbank abgespeichert habe, kümmere.« Sie schaute Susie an. »Haben Sie Fragen?«

»Ja. Was ist, wenn man keine 250 Menschen kennt?«

»Ich bin froh, dass Sie diese Frage stellen, Frau McCumber«, sagte Sheila Marie in dem Ton eine typischen Marketingseminarleiterin. Und dann lachte sie wieder überschwänglich. »Wie viele Menschen kennen Sie schätzungsweise?«

»Na ja, so genau weiß ich das nicht. Vielleicht 100, wenn ich angestrengt nachdenke.«

»Das werden Sie bald tun, und Sie werden überrascht sein zu entdecken, dass Sie wahrscheinlich eine ganze Menge mehr Leute kennen. Jedenfalls ging es mir so, als ich versuchte, diese Frage zu beantworten. Highground erklärte mir, ich würde 250 Menschen kennen. Ich muss zugeben, er kam der Wahrheit ziemlich nahe. Dann lehrte er mich die 250-mal-250-Regel – dass, wenn ich mich konsequent um die 250 Menschen im Sinne seiner Philosophie und seines Systems bemühte, diese Menschen mich wiederum an 250 Bekannte und Freunde weiterempfehlen würden. Und zwar jeder von Ihnen! … Susie, sind Sie gut in Mathe?«

Susie überschlug die Zahlen kurz im Kopf. »Aber Sheila Marie, das ist unmöglich. Das ist ein Kundenpotenzial von 62500 Menschen!«

»Ist das nicht wunderbar? Das ist die Kundenzahl, auf der ich aufbauen kann, denn alle diese Menschen erinnern sich vielleicht an mich, wenn sie jemals einen Makler benötigen. Und warum? Weil ich zu einem ihrer Bekannten Kontakt gehalten habe und dieser mit meiner Leistung zufrieden war. Und wenn ich bei den ersten 250 Menschen gute Arbeit geleistet und mich als vertrauenswürdig und professionell erwiesen habe, werden sie mich alle gern weiterempfehlen. Das liegt ganz einfach in der Natur des Menschen begründet. Wer etwas Positives erlebt hat, erzählt dies gern weiter.«

»In Ordnung, Sheila Marie, aber ich kenne wirklich keine 250 Menschen.«

»Oh doch, das tun Sie.«

»Oh nein, das tue ich nicht.«

Sheila Marie widersprach nochmals. »Oh doch. Genau das habe ich damals auch gesagt, und wissen Sie was? Ich kannte fast 150 Menschen. Möglicherweise bin ich bis dahin nicht so mit ihnen in Verbindung geblieben, wie ich es hätte tun sollen, doch ich kannte sie. Highground hat mir dann mit den drei ›magischen Fragen‹ gezeigt, wie ich schnell und leicht neue Beziehungen zu meiner Liste hinzufügen konnte. Ich denke, Sie werden bald herausfinden, worum es bei den Fragen geht. Auf jeden Fall hat mir Highground geholfen, mich von dem Zwang zu verabschieden, ich müsste als geschäftsmäßig-geschäftsmäßiger Typ andere Menschen unter Druck setzen. Und als ich dann auch noch das 4. Prinzip begriffen hatte und es anzuwenden wusste, hörten meine 250 Personen alle von mir – ständig und konsequent. Danach lief alles wie von selbst.«

Susie nickte anerkennend. »Sie haben die Philosophie und das System wirklich bis ins kleinste Detail verstanden.«

»Jetzt vielleicht. Aber ganz sicher nicht, bevor ich Highground traf.«

»Trotzdem finde ich immer noch, dass es zu einfach klingt, Sheila Marie. Warum verlässt sich nicht jedermann auf die ›Natur des Menschen‹, wie Sie es vorhin nannten, und lebt von Empfehlungen und Beziehungen?«

Sheila Marie öffnete ihre Autotür. »Kommen Sie, gehen wir hinein. Wir können dabei weiterreden.«

Während Sheila Marie Susie in das leere Haus hineindirigierte und alles fachmännisch begutachtete, meinte sie: »Mir fällt da ein guter Vergleich ein. Treiben Sie Sport?«

»Ja.«

»Finden Sie es einfach oder leicht, dabeizubleiben?«

Susie schaute Sheila Marie ziemlich verblüfft an. »Nun ja, nicht unbedingt. Wenn ich nicht meine Freundin dreimal die

Woche zum Jazztanz treffen würde, würde ich sicher nicht dabeibleiben. Aber so schon.«

»Sie haben also ein einfaches Verhaltensmuster einprogrammiert und Sie sind zuversichtlich, dass Sie so gesund und in Form bleiben, richtig?«

»Richtig.«

»Wenn das so einfach ist, warum hat die Mehrzahl der Bewohner dieses Landes Gewichtsprobleme?«

»Sie meinen, das liegt daran, dass sie nicht einem Verhalten folgen, das für Sie zu einer Routine und damit zur Selbstverständlichkeit geworden ist?«

»Oder sie fangen zwar damit an, geraten dann aber, wie man so schön sagt, aus dem Trott. Sie halten nicht durch.«

»Ich wusste, da ist ein Haken bei der Sache«, meinte Susie mit einem Seufzer und lehnte sich gegen den Türrahmen eines Schlafzimmers, während Sheila Marie hier und dort und überall die Umgebung inspizierte. »Diese Konsequenz an den Tag zu legen ist bestimmt nicht einfach.«

Sheila Marie hatte nun genug von dem Haus gesehen und schob Susie Richtung Haustür. Susie brachte diese energiegeladene Bestimmtheit zum Lachen. Sie mochte diese Frau. Es war fast unmöglich, sie nicht zu mögen.

»Eine große Sorge habe ich und gleichzeitig muss ich etwas gestehen«, meinte Susie. »Wie um alles in der Welt kann ich die Menschen, die ich kenne, wie beste Freunde behandeln, wenn ich in den letzten fünf Jahren niemandem auch nur eine Weihnachtskarte geschickt habe!«

Sheila Marie brach in Lachen aus. »Hervorragend. Nun kommen wir zum eigentlichen Punkt. Wir alle haben das Gleiche durchgemacht, um das System in Gang zu setzen. Sie haben es mit Ihrem ›Geständnis‹ angesprochen. Denn genau das werden

Sie machen. Mit einem kurzen Schreiben werden Sie allen, die Sie kennen, gestehen, wie Leid es Ihnen tut, dass Sie so lange nichts von sich hören ließen, aber dass sich das von jetzt an ändern wird. Ganz einfach. Phil wird Ihnen eine Kopie eines Schreibens geben, das dem ähnelt, das ich an diejenigen in meinem ›Einflussbereich‹ verschickt habe.«

»Uff, das erleichtert mich«, sagte Susie. »Ich schleppe dieses Schuldgefühl seit Beginn unseres Gesprächs mit mir herum. Meine ›Mutter‹ muss eindrucksvolle Arbeit geleistet haben.« Die beiden schauten sich fast gleichzeitig an und bogen sich vor Lachen.

Kaum draußen, stützte Sheila Marie die Hände in die Hüften und blieb stehen, um einen Moment den warmen Sonnenschein zu genießen. »Wunderschöner Tag, nicht wahr?«

Susie schaute sich um. *Ja, es war ein wunderschöner Tag.* Sie hatte das vorhin gar nicht so bemerkt.

Als sie sich wieder umdrehte, eilte Sheila Marie schon auf das Auto zu. Susie musste sich sputen, um sie einzuholen. Sheila Marie schloss das Auto auf, lächelte Susie über das Autodach hinüber zu und sagte: »Ich habe noch einen weiteren Tipp, wie Sie Ihrer Datenbank neue Namen hinzufügen können. Im Immobiliengeschäft nennt man das ›eine Farm aufbauen‹. Mit ›Farm‹ meinen wir eine Gemeinde in der Nachbarschaft, zu deren Einwohner man aber keine direkte persönliche Verbindung hat. Natürlich ist keine richtige Farm gemeint, aber Sie verstehen das Bild gewiss. Der Makler versucht nun, bei den Einwohnern ein ›Markenbewusstsein‹ zu entwickeln, indem er viel Geld für Direktwerbung ausgibt. Meistens führt das aber kaum zu Resonanz.«

»Highground«, so fuhr sie fort, »forderte mich auf, eine ›persönliche Farm‹ aufzubauen, was sich als weitere einfache und äußerst wirksame Idee herausstellte. Er brachte mich dazu, dass ich mich selbst verpflichtete, über einen Zeitraum von zehn Wochen jede Woche fünfzig Anrufe bei den Bewohnern der ›Farm‹ zu machen und Folgendes zu sagen: ›Hallo, mein Name ist Sheila Marie. Seit einiger Zeit erhalten Sie von mir Informationen zu Immobilien in Ihrer Nachbarschaft. Hätten Sie eine Sekunde Zeit für mich? War die Antwort positiv, dann habe ich folgende einfache Frage nachgeschoben: *Wenn einer Ihrer Freunde oder Verwandten daran interessiert wäre, Immobilien zu kaufen oder zu verkaufen, wären Sie in der Lage, ihm einen guten Makler zu empfehlen?* Wenn sie mit ›Ja‹ antworteten«, fuhr Sheila Marie fort, »habe ich mich bei ihnen für ihre Zeit bedankt, ihnen versichert, dass die von ihnen erwähnte Person sehr gute Arbeit leisten würde, sie dann von meiner Liste gestrichen und so weitere Werbungskosten für diese Adresse gespart. Und dann hab ich den nächsten angerufen. Wenn sie aber mit ›Nein‹ geantwortet haben, habe ich gefragt, ob sie einverstanden wären, wenn ich weiter in Kontakt mit ihnen bliebe. Man nennt das *Erlaubnis-Marketing* oder Permission-Marketing. Ich hatte jetzt die Erlaubnis, mit dem betreffenden Menschen weiterhin kommunizieren zu dürfen und eine persönliche Beziehung zu ihm aufzubauen. In weniger als den veranschlagten zehn Wochen hatte ich eine Menge Geld gespart und hatte, aufgrund meiner persönlichen Kommunikation, ›über Nacht‹ viele neue potenzielle Kunden gewonnen. Susie, ich habe diese ›persönliche Farm‹ innerhalb kürzester Zeit aufgebaut und wurde dann zur erfolgreichsten Immobilienmaklerin im Stadtteil Cliffview.

Sie könnten sich bei jedem ihrer gegenwärtigen potenziellen Kunden derselben Strategie bedienen. Wählen Sie einfach die richtigen Worte, solche, die das Wesen Ihres Geschäfts widerspiegeln, und erweitern Sie den Kreis der Leute, die Sie anrufen dürfen! Denken Sie daran: Wenn Sie nicht wissen, wen Sie am

Montagmorgen anrufen können, um über Geschäfte zu sprechen, dann sind Sie so lange aus dem Geschäft, bis Sie es wissen.«

»Das ist beeindruckend!«, meinte Susie. »Und keine Telefonakquise, wie ich Sie verabscheue, sondern eine Möglichkeit, Kontakte aufzubauen.«

»Susie, hat Highground Ihnen die drei Fragen gestellt?«

»Warten Sie. Mag ich mich selbst? Bin ich von meinem Produkt überzeugt? Und kann ich ›den Kurs halten‹? Diese drei?«

»Diese drei. Und an der letzten Frage hängt alles. Das ist wie bei Ihrem Fitnessprogramm. Sie gehen jetzt gern zum Jazztanz, oder? Sie würden etwas vermissen, wenn Sie es nicht hätten.«

»Das stimmt.«

»Dann schaffen Sie es. Wir haben alle viel zu tun und glauben, nicht die Zeit zu haben, innezuhalten und ein paar grundlegende Wahrheiten, nach denen wir unser Leben wirklich ausrichten wollen, in die Praxis umzusetzen. Man muss nur sich selbst und dann den Wert einer lebenslangen Beziehung, die nicht mit dem Überreichen des Provisionsschecks endet, verstehen lernen. Statt mit Dollarzeichen in den Augen herumzulaufen, wie ich das lange Zeit getan habe, sollten wir uns bemühen, Menschen zu dem zu verhelfen, was ihnen fehlt. Das macht wesentlich mehr Spaß und, ganz nebenbei, auch glücklich und zufrieden.«

Auf dem Weg zurück zum Café sagte Sheila Marie: »Also, was glauben Sie, Frau Susie McCumber? Haben Sie das erste Prinzip hinreichend verstanden, dass ich Sie ohne Bedenken an das zweite weiterreichen kann – oder besser an den Menschen, der es Ihnen erläutert?«

»Ich glaube schon.«

Sheila Marie berührte Susies Arm. »Keine Sorge, Susie. Vertrauen Sie einfach der Philosophie und den einfachen Prinzipien, die Highground Ihnen heute und morgen näher bringen wird, und dann ändern Sie noch ein klein wenig Ihre Denkmuster. Ich garantiere Ihnen, Highground wird Ihr Leben verändern. Er hat auch mein Leben verändert. Geben Sie mir Ihre Karte. Ich möchte in Kontakt mit Ihnen bleiben, um zu erfahren, was aus Ihnen wird. Einverstanden?«

Sie fuhren die Auffahrt zum Café hoch. Susie öffnete die Tür, stieg aus und reichte Sheila Marie eine ihrer Visitenkarten, die ihr dann auch ihre Karte gab. Und dann sagte Sheila Marie, bevor sie losfuhr: »Stecken Sie die Karte jetzt weg, aber rufen Sie mich an, wenn ich noch irgendetwas für Sie tun kann, die Suche nach einem Haus eingeschlossen. Vergessen Sie nicht, es zählen nicht nur die Menschen, die Sie kennen, sondern auch diejenigen, die Ihre Kunden kennen! Bleiben wir also in Verbindung!«

Und mit einem herzlichen Winken brauste Sheila Marie davon.

»Susie!«

Susie drehte sich um und sah David Highground auf sich zukommen. Begleitet wurde er von dem Mann, auf den er sie am Tag zuvor im Café aufmerksam gemacht hatte.

»Hallo, Susie, hatten Sie einen netten Vormittag?«, fragte Highground.

»Er war wunderbar«, lautete ihre ehrliche Antwort. »Sheila Marie ist eine sehr interessante Frau.«

Highground lachte. »Das ist sie. Hat sie Ihnen das 1. Prinzip verdeutlichen können?«

»Die 250-mal-250-Regel. ›Es zählen nicht nur diejenigen Menschen, die man selbst kennt, sondern – viel wichtiger – diejenigen, die die Kunden kennen.‹ Richtig?«

»Ganz genau. Ich möchte Ihnen Paul Kingston vorstellen, Susie. Paul, dies ist die junge Dame, von der ich Ihnen erzählt habe – Susan McCumber. Ihre Freunde nennen sie Susie.«

Paul war ein eher kleiner, durchschnittlich aussehender Mann mit schütterem, sandfarbenem Haar. Er machte einen sympathischen Eindruck, war aber gewiss niemand, der einem direkt nach dem ersten Treffen für immer im Gedächtnis haften blieb. Er war der Typ Mann, der leicht unterschätzt wurde. Genau das passierte Susie jetzt.

»Hallo«, sagte sie.

»Ich freue mich, Ihre Bekanntschaft zu machen«, erwiderte Paul und umschloss Susies ausgestreckte Hand mit beiden Händen. Susie ertappte sich dabei, wie sie ihn näher betrachtete.

»Paul würde gerne mit uns zu Mittag essen. Passt Ihnen das?«

»Selbstverständlich, sehr gern«, antwortete Susie.

»Das ist gut. Unsere Reservierung lässt uns noch etwa 30 Minuten Zeit, die wir gut für Ihre erste Aufgabe nutzen können. Paul und ich müssen noch ein paar Dinge besprechen. Haben Sie den Füller oder Bleistift bei sich, wie ich gestern vorgeschlagen habe?«

Sie klopfte auf ihre Tasche. »Ja, habe ich dabei.«

»Und Ihr Notizbuch?«

»Und mein Notizbuch.«

Highground reichte ihr eine Kassette, einen Kassettenrekorder und einen Kopfhörer. »Ich habe das speziell für Sie zusammengestellt, im Wesentlichen klassische Lieblingsmusik von mir. Setzen Sie sich unten an den Hafen, hören Sie sich die Kassette an und folgen Sie den Anweisungen darauf. Wir sind dann rechtzeitig zurück, um Sie zum Mittagessen abzuholen. Wir essen im Capri Restaurant dort drüben.« Er deutete auf ein paar Blöcke weiter unten in den Hafenanlagen. »Einverstanden?«

Dann machten sich Paul und Highground auf den Weg. Susie schlenderte zu einer Bank hinüber, von der aus man eine wunderschöne Aussicht hatte – über die Klippen, die Segelboote und die beeindruckende Küstenlinie Kaliforniens, die sie so liebte.

Überrascht stellte sie fest, wie lange es her war, dass sie sich die Zeit genommen hatte, diese Aussicht in Ruhe zu genießen. Sie atmete die salzige Luft ein und lauschte den Möwen. Dann zückte sie Notizbuch und Bleistift, legte die Kassette ein und setzte die Kopfhörer auf. Zur Hintergrundmusik von Mozart erklang Highgrounds Stimme:

Susie, ich bitte Sie, in den nächsten Minuten meine Philosophie und mein Konzept auf Ihre Situation anzupassen. In Ihrem Notizbuch sind nach dem 1. Prinzip mehrere Seiten frei gelassen. Schreiben Sie dort bitte untereinander die Zahlen von 1 bis 250.

Als eine Art Übung und damit Sie sehen und auch glauben, wie viele Beziehungen, alte und neue, Sie tatsächlich haben, bitte ich Sie, sämtliche Menschen, die Sie kennen, aufzulisten – aus Ihrer Schulzeit, Ihrer Ausbildungszeit, Ihrem Geschäftsleben. Denken Sie auch an Ihre sozialen Kontakte, etwa kirchliche und familiäre, aber auch an Ihre täglichen Begegnungen – wie zum Beispiel mit dem Gemüsehändler und den Angestellten in der Reinigung. Bekanntschaften zählen dann dazu, wenn Sie häufig mit ihnen zu tun haben, wie etwa der Angestellte im Laden um die Ecke oder Ihr Autohändler. Meine Erfahrung sagt mir, dass Ihnen mindestens die Namen von 100 Menschen einfallen werden. Bei den übrigen Menschen kann es sein, dass Sie Unterstützung benötigen, um sich an sie zu erinnern. Ich habe, um Ihrem Gedächtnis auf die Sprünge zu helfen, eine Liste mit den üblichen Kontakten beigefügt – Kontakte, die so gut wie jeder von uns täglich hat.

Es wird Ihnen leicht fallen, der Liste wöchentlich neue Namen hinzuzufügen, wenn Sie nicht sich selbst und Ihre Wünsche, Erwartungen und Pläne in den Mittelpunkt rücken, sondern Ihre

Aufmerksamkeit auf andere Menschen richten. Sie werden sehen, wie befriedigend das ist. Die folgenden drei Fragen werden Sie dabei unterstützen.

Ich weiß, Sie machen sich Gedanken, wie Sie auf 250 Namen kommen sollen. Es gibt viele Wege. Ein wunderbarer Weg dorthin ist, Menschen durch den Zauber dieser einfachen Fragen näher kennen zu lernen. Wenn Sie das nächste Mal einem fremden Menschen begegnen und Sie Zeit haben, sich kurz vorzustellen, fragen Sie ihn Folgendes:

1. Was machen Sie beruflich?
2. Was gefällt Ihnen an Ihrer Tätigkeit am meisten?
3. Wenn Sie mit dem Wissen, das Ihnen heute zur Verfügung steht, noch einmal von vorn anfangen könnten, wie würde Ihr Tag aussehen?

Und nun noch ein zusätzlicher Satz, mit dem Sie wiederum Ihr Interesse an diesem Menschen ausdrücken können: »Ich würde gern mehr von Ihnen erfahren.«

Ich garantiere Ihnen, Sie werden neue Freunde gewinnen. Man wird Sie interessanter finden, Sie werden weniger unter Druck und Stress geraten, wenn Sie unbekannten Menschen begegnen und neue Ansichten kennen lernen. Denn Sie haben nun eine Einstellung gefunden, die darauf basiert, dass Sie an anderen Menschen wirklich interessiert sind. Und Sie stellen die richtigen Fragen. Nie wieder werden Sie auf Messen, Seminare oder Cocktailpartys gehen und befürchten müssen, als aggressive Geschäftsfrau zu gelten.

Nach jeder netten Unterhaltung mit einer neuen Bekanntschaft sagen Sie ganz einfach: »Es hat mich sehr gefreut, Sie kennen zu lernen. Warum bleiben wir nicht in Kontakt?« Tauschen Sie dann die Visitenkarten aus, und schicken Sie am nächsten Tag ein kurzes Schreiben an Ihre neue Bekanntschaft – an den Menschen, der Sie interessant findet, weil Sie ihm oder ihr als Person und

*nicht als »Geschäftsgelegenheit« Ihre Aufmerksamkeit geschenkt
haben. Halten Sie danach die Verbindung aufrecht. Man nennt das
Erlaubnis-Marketing; es macht Spaß und gibt Ihnen die Gelegenheit, eine Beziehung aufzubauen. Wenn die Zeit reif ist, werden Sie
jemanden vor sich haben, der gewillt ist, sich anzuhören, womit Sie
Ihren Lebensunterhalt verdienen – ohne dass Sie je Telefonakquise
hätten machen müssen!
Genießen Sie also meine Musik und beginnen Sie einfach!*

Eine Sekunde lang starrte Susie benommen auf die Seiten des Notizbuchs mit all diesen Zahlen und wunderte sich, warum sie so
viel Zeit mit der Telefonakquisition verbracht hatte – und mit all
diesen Zurückweisungen und Enttäuschungen. Statt einfach die
»drei magischen Fragen« zu stellen und um Erlaubnis zu bitten,
in Verbindung bleiben zu dürfen. Und dann schrieb sie fieberhaft
Namen auf – Namen über Namen: ihre Schwestern, ihr Pastor,
ihre Kollegen bei ihrer alten Arbeitsstelle, ihre Lehrer, ihr Arzt
und ihr Zahnarzt sowie ihren Versicherungsberater. Sie schrieb
Chuck vom Café auf; Jane, die Friseuse; Amy, den Friseurlehr-
ling; Joni, ihre Lieblingsbedienung im Restaurant, in dem sie
normalerweise zu Mittag aß. Sie fügte alle Lieferanten ihrer
Firma hinzu, ihre gegenwärtigen und früheren Kunden und
alle Personen aus ihrem Tanzverein. Jedes Mal, wenn sie sich an
einen Namen erinnerte, fielen ihr weitere, lang zurückliegende
Kontakte ein. *Sie müssen nicht meine besten Freunde sein,* so erinnerte
sie sich. *Highground sagte nur, sie müssten meinen Namen kennen.*

Sie konnte gar nicht aufhören. *Meine Güte,* dachte sie. *Sieh dir
all die Menschen an, die ich kenne.* Sie schrieb immer schneller – sie
konnte es kaum abwarten herauszufinden, wie viele Namen sie
zusammenbekam, bevor Highground sie abholen würde.

KAPITEL 4

Kategorien, die alles einfacher für Sie machen

Als sie schließlich jemand sanft an der Schulter berührte, hatte Susie über 150 Namen aufgelistet. Sie konnte es gar nicht glauben. Highground musste, wieder einmal, ihre Gedanken gelesen haben.

»Habe ich es Ihnen nicht versprochen?«, meinte er.

»Sie nahm die Kopfhörer ab und stand auf. »Es ist wirklich unglaublich.«

»Wenn Sie noch etwas länger nachdenken, kommen Sie leicht auf die 250«, so versicherte ihr Highground.

»Sollen wir jetzt zu Mittag essen?«, fragte Paul.

»Ja, ich bin sehr hungrig«, antwortete Susie.

Während sie auf das Restaurant zugingen, fragte Susie: »Was machen Sie, Paul?«

Paul strahlte Highground an und antwortete: »Ich bin dafür zuständig, mich wohl in meiner Haut zu fühlen, sodass ich andere dabei unterstützen kann, das zu erreichen, was sie erreichen möchten, und dahin zu kommen, wohin sie kommen möchten. Unser Herr Highground hier meint, ich sei der geschäftsmäßig-persönliche Typ. Ich arbeite bei einer großartigen Firma, die eine Vielzahl von Qualitätsprodukten anbietet, und über diese Firma gelang es mir, auf die Gesichter Tausender Menschen an dem Tag, an dem sie mein Produkt gekauft haben, ein Lächeln zu zaubern.«

»Paul leitet die Abteilung Neuwagenverkauf beim Rancho Benicia Auto Park«, fügte Highground hinzu.

»So ist es.«

Susie war erstaunt über das selbstbewusste Auftreten des Autohändlers. Dieser Mann war wohl doch nicht so unbedeutend und unscheinbar, wie er aussah. Sein Selbstvertrauen machte sie fast nervös. So etwas konnte sie sich bei ihren eigenen Verkaufsgesprächen nur wünschen, und so sprach sie Paul direkt an: »Was muss man tun, um sich selbst so vertrauen zu können, wie es bei Ihnen der Fall ist, Paul? Woher kommt dieses Vertrauen? Es wirkt richtig ansteckend.«

Paul lachte und legte voller Zuneigung eine Hand auf Highgrounds Schulter. »Als ich an meinem eigenen Scheideweg stand – oder, wie Highground es gern ausdrückt, ›auf der Leiter stand‹ –, traf ich diesen Mann durch die Empfehlung eines Freundes. Er schenkte mir seine Zeit und half mir, wie es noch keiner vorher getan hatte. Er war der Erste, der mir sagte, dass ich niemanden nachahmen solle, sondern die Talente, die mir in die Wiege gelegt wurden, nutzen solle, um anderen Menschen zu helfen. Dazu müsse ich meinen Talenten allerdings vertrauen und sie konsequent weiterentwickeln.

Ich habe, genau wie Sie, ein paar Tage damit verbracht, Highgrounds Konzepte genauer kennen zu lernen«, fuhr er fort, »und das hat mir die Augen geöffnet. Ich mache jetzt alles richtiger und einfacher, denn ich habe aus erster Hand gelernt, meine Produkte und meine persönlichen Bedürfnisse nicht über meine Beziehung zu anderen zu stellen. Vorher konnten die Menschen mich problemlos durchschauen. Sie sahen die Dollarzeichen in meinen Augen und zogen sich sofort zurück. Außerdem«, so fügte er hinzu, »lernte ich, vor Kunden oder einer Gruppe von Verkäufern zu stehen und mich dabei wohl zu fühlen – ich, ein kleiner, nichts sagend aussehender, persönlich-geschäftsmäßiger Typ, der aber jetzt ein ausgesprochen erfolgreicher Manager und Verkäufer ist ...«

»Das«, so fügte Highground mit einem Lächeln hinzu, »sind Sie ohne Zweifel.«

»Und ich bin stolz darauf. Und alles begann damit, Susie, dass ich dem einfachen System unseres Herrn Highground Vertrauen schenkte. Ich mache jetzt ›Geschäfte aus den richtigen Gründen, aus dem high ground‹«, fügte Paul hinzu und schaute David Highground an. »So drücken einige von uns es zu Ehren Ihrer Arbeit mit uns aus, David. Der ›high ground‹, das ist der Platz, an dem wir strategisch gesehen im Geschäftsleben alle stehen wollen. Wichtiger aber ist, dass er ein Synonym für den Begriff ›high road, den richtigen Weg beschreiten‹ ist. Sie wissen schon, immer versuchen, das Richtige zu tun.«

Highground lächelte. »Vielen Dank, Paul. Ich fühle mich sehr geschmeichelt.«

Mittlerweile hatten sie das Restaurant erreicht und Paul hielt den beiden höflich die Tür auf.

Als sie dann am Tisch saßen und die Aussicht auf den Hafen und die Steilküste genossen, konnten sie am Horizont einen Frachter sehen, der auf die See hinausdampfte.

Einen Moment lang beobachtete Susie das Schiff, dann wandte sie sich dem nach wie vor geheimnisvollen David Highground zu, der gegenüber von ihr Platz genommen hatte. Endlich traute sie sich zu fragen, was sie schon den ganzen Tag lang hatte fragen wollen: »Herr Highground, ich habe Sheila Marie gefragt, was sich hinter dem Begriff persönlich-persönlich verbirgt, und sie meinte, das würden Sie mir genau erklären. Darf ich Sie darum bitten? Ich möchte gern wissen, in welche Kategorie ich falle.«

Highground nickte, wandte seinen Blick kurz dem Frachter zu und meinte dann: »Ich helfe Menschen schon, so lange ich denken kann, Susie, und ich bin zu dem Schluss gekommen, dass es vergeblich ist, Menschen in eine Richtung verändern zu wollen, mit der ihr Naturell überhaupt nichts zu tun hat. Da Gott uns alle mit unseren einzigartigen, individuellen Talenten ausgestattet hat, *sollte man versuchen, bei den Menschen dort anzusetzen, wo sie stehen, und Ihnen helfen, mehr sie selbst zu sein.* Irgendjemand hat einmal gesagt, wir ließen uns alle in drei Typen einteilen – erstens: der, der wir sind; zweitens: der, den andere sehen; und drittens: der, der wir sein wollen. Wenn wir uns die Zeit nehmen, uns selbst zu betrachten und Menschen, denen wir vertrauen, zu fragen, wie sie uns sehen, können wir erkennen, wer wir wirklich sind und wie andere uns erleben. Und indem wir das tun und gleichzeitig bereit sind, unsere Gewohnheiten zu ändern, kommen wir dem, der wir sein wollen, schon sehr nahe.«

Paul schaute für einen Moment von seiner Speisekarte hoch. »Und wir können aufhören uns zu fragen, welche ›Persönlichkeitsmasken‹ wir aufsetzen müssen, um ›Erfolg zu haben‹. Mh. Sehen Sie sich die Suppe an – Muschelcremesuppe à la Boston. Ich glaube, die nehme ich.«

»Susie«, fuhr Highground fort, »erinnern Sie sich an die vier Fenster der Persönlichkeitstypen im Geschäftsleben, die ich Ihnen gestern kurz erläutert habe?«

»Nicht mehr so genau.«

Highground griff sich vier Papierservietten, zog einen Füllfederhalter aus seiner Tasche und begann zu schreiben. Zuerst schrieb er »persönlich-persönlich«.

»Die vier Typen werden mit jeweils zwei Worten beschrieben«, erklärte er und schob Susie die Serviette zu. »Das erste Wort drückt aus, wie die Menschen Sie sehen und wer Sie von Natur aus sind. Das zweite Wort drückt Ihre natürliche Verhaltenstendenz in Geschäftsbeziehungen aus. Der persönlich-persönliche Typ wird als jemand wahrgenommen, dem die Beziehung zu anderen am wichtigsten ist – er überlegt, wie er den Menschen helfen und was er tun kann, damit man ihn gern oder sogar ausgesprochen gern mag. Diese Menschen denken selten an die geschäftlichen Auswirkungen ihrer Handlungen. Wenn sie es doch tun, rechtfertigen sie ihr Verhalten sofort mit ›persönlichen‹ Argumenten. Daher muss auch das zweite Wort ›persönlich‹ heißen.«

Dann schrieb er »persönlich-geschäftsmäßig«.

Auch diese Serviette schob er Susie zu. »Bei dem zweiten Typ handelt es sich um eine Person, die zunächst in der Begegnung mit anderen Menschen sehr persönlich und am Beziehungsaufbau interessiert ist. Sie ist ehrlich an der Beziehung interessiert, beginnt aber strategisch zu denken, wenn das Gespräch sich geschäftlichen Dingen zuwendet.«

Auf die dritte Serviette schrieb er »geschäftsmäßig-persönlich«.

»Beachten Sie, welches Wort hier zuerst steht. Der dritte Typ ist so etwas wie ein Gegenstück zum zweiten. Die Person erweckt zunächst den Eindruck, als sei sie weniger an der Beziehung und mehr an dem rein geschäftlichen Aspekt interessiert. Ist die geschäftliche Beziehung jedoch erst einmal gefestigt, baut dieser Mensch eine enge persönliche Beziehung auf.«

Er nahm die letzte Serviette und schrieb »geschäftsmäßig-geschäftsmäßig«.

»Der letzte Typ ist geschäftsmäßig-geschäftsmäßig – und das Gegenteil vom persönlich-persönlichen Typ. Diese Menschen tun sich im Allgemeinen schwer mit unserem einfachen System, dessen Grundlage ja der Beziehungsaufbau ist. Wenn sie aber die Zeit, die sie mit Menschen verbringen, auf rein geschäftliche Weise rechtfertigen können – und das gelingt ihnen immer –, sind auch sie in der Lage, das Konzept anzuwenden.« Er legte diese letzte Serviette auf die anderen.

»Ist ein Typ besser als der andere?«, fragte Susie neugierig.

»Ganz und gar nicht. Es gibt weder ein ›falsch‹ noch ein ›richtig‹. Es geht einfach nur darum, wer wir sind und warum wir mit uns selbst eins sein müssen. Aber«, so fuhr er fort, »man muss wissen, dass alle Eigenschaften gleichermaßen wirkungslos sind, solange man sie nicht an sich erkennt und konsequent einsetzt – auch im Geschäftsleben.«

»Vielleicht merken Sie sich das«, schlug Paul vor.

Highground fuhr fort. »Wenn Sie gleichzeitig die Persönlichkeit desjenigen erkennen, mit dem Sie zu tun haben, dann wird es Ihnen leicht fallen, angemessen mit ihm umzugehen. Wir verfügen alle über die Fähigkeit, unser Verhalten der Situation anzupassen. Wenn Paul einen geschäftsmäßig-geschäftsmäßigen Typ trifft, verbringt er nicht so viel Zeit damit, persönliche Fragen zu stellen, wie er es bei einem persönlich-persönlichen Menschen tun würde. Er spricht dann vielmehr ohne Umschweife das geschäftliche Thema an, erwähnt nur die Dinge, um die es geht, und kommt relativ schnell auf den Abschluss zu sprechen. Indem Paul sich auf diesen Menschen einstellt, ihn so behandelt, wie es seinem Typ entspricht, entwickelt sich ein entspannteres und erfolgreicheres Gespräch – und Pauls Verkaufszahlen sprechen für sich.«

Paul schaute Susie an und lächelte, während Highground eine weitere Serviette hervorzog und darauf schrieb: »Nur die wichtigen Dinge ansprechen, Fragen direkt und unter Berücksichtigung der eigenen Persönlichkeit stellen und beantworten.« Er legte die Serviette zu den anderen.

»Mein größtes Problem war«, so erklärte Paul, »dass ich stets die ›falschen Leute‹ ansprach – Menschen, zu denen ich einfach keinen Zugang fand. Bis ich dann die richtige Grundlage, den ›high ground‹, fand und dieses System zum Aufbau einer Datenbank einsetzte. Ich teilte meine Kontakte in drei Kategorien ein – in A, B und C – und arbeitete dann eine Strategie aus ...«

»Die Kontakte in A, B und C einteilen?«, unterbrach Susie ihn erstaunt.

»Richtig, das kommt als Nächstes. Aber jetzt lassen Sie uns erst mal essen!«, bat Paul.

Nach dem Mittagessen bestellten alle drei Kaffee. »Bevor wir starten«, meinte Paul zu Susie, »möchte ich das Wichtigste erwähnen: Ich stehe Ihnen zur Verfügung, weil Highground mich Ihnen empfohlen hat.«

»Das ist mein Stichwort, Sie beide allein zu lassen. Dann können Sie in Ruhe miteinander reden«, meinte Highground und stand auf. »Ich komme wieder.«

»Wann?«, fragte Susie und wünschte sich, er würde nicht dauernd verschwinden.

»Oh, ich weiß, wann ich wiederkommen muss«, sagte er, so geheimnisvoll wie immer. Und weg war er.

»Ein toller Mann, oder?«, meinte Paul. »Er hat mich gebeten, Ihnen das 2. Prinzip zu erläutern, und das werde ich jetzt tun. Ich zeige Ihnen, wie Sie es schaffen, Geschäfte nur zu Ihren Bedingungen und mit den Menschen zu machen, mit denen Sie zu tun haben möchten. Wie gefällt Ihnen das?«

Susie lächelte. Dieser Mann war warmherzig, aber gleichzeitig auch sehr geschäftsmäßig, wenn es um bestimmte Angelegenheiten ging – und das gefiel ihr.

»Sie sind also der persönlich-geschäftsmäßige Typ. Ich frage mich, ob ich auch dazugehöre«, überlegte Susie.

Der Kaffee kam, und Paul nahm einen Schluck. »Wissen Sie, was früher das Seltsame bei mir als persönlich-geschäftsmäßigem Typ war? Obwohl ich ganz offensichtlich in geschäftlichen Dingen der geschäftsmäßige Typ war und bin, bin ich selten entsprechend vorgegangen. Nicht, dass ich nicht wusste, wie das geschehen sollte; aber ich verfügte einfach nicht über die angemessene Strategie.«

»Aber jetzt wirken Sie auf mich sehr geschäftsmäßig.«

Paul erkannte das mit einem Nicken an. »Danke schön. Aber ich musste hart daran arbeiten, um dahin zu gelangen, das kann ich Ihnen sagen. Man darf im Automobilgeschäft nicht erwarten, zu einem Kunden, dem man vor zwei Jahren ein Auto verkauft hat und den man dann wieder anruft, gleich eine Beziehung aufbauen zu können. Deshalb sind in diesem Geschäft nur einige wenige Verkäufer in der Lage, sich einen Stamm an Kunden aufzubauen, die einen auch weiterempfehlen. Wenn man kein wirksames System hat und nicht über die richtige Einstellung verfügt, dann schafft man es nicht.« Paul lächelte. »Sind Sie bereit für das 2. Prinzip?«

»Warten Sie.« Susie blätterte in ihrem Notizbuch. »Ah, hier ist es. ›Legen Sie eine Datenbank an und teilen Sie die Daten in die Kategorien A, B und C ein‹. Was genau ist damit gemeint?«

»Ich werde Ihnen zeigen, wie Sie Ihre Datenbank sinnvoll strukturieren und mit den Kunden richtig kommunizieren! Schlagen Sie in Ihrem Notizbuch doch einmal die Seite mit der 250-mal-250-Liste auf.«

Sie schob das Notizbuch mit der aufgeschlagenen Seite zu ihm hinüber.

Paul ging die Liste durch. »Sieht gut aus. Also, Sheila Marie

2. Prinzip: Legen Sie eine Datenbank an und teilen Sie die Daten in die Kategorien A, B und C ein.

hat Ihnen gezeigt, wie sinnvoll eine Datenbank sein kann. Nun, diese Liste ist eine Datenbank. Ich möchte Ihnen zeigen, wie Sie die Daten für Ihre Zwecke einsetzen können. Sie müssen sie in A, B und C einteilen, so wie Highground es mir gezeigt hat.«

»Sie in A, B und C einteilen«, wiederholte Susie.

»Genau. Highground hat mich übrigens davon überzeugt, dass ich eigentlich einen Assistenten brauche, der mich immer wieder daran erinnert, die Liste abzuarbeiten oder der diese Aufgabe für mich übernimmt. Das ist enorm wichtig, wenn man gerade damit anfängt, Highgrounds System zu nutzen. Aber wenn Sie beim 4. Prinzip sind, werden Sie sehen, dass das auch für Sie Sinn machen könnte, selbst wenn es jetzt verrückt klingt.«

Susie runzelte die Stirn.

»In Ordnung, lassen Sie mich versuchen, es zu verdeutlichen.« Paul überlegte eine Zeit lang. »Gibt es unter Ihren Bekannten

Menschen, die Ihnen voll und ganz vertrauen und hinter Ihnen stehen? Solche, die so überzeugt von Ihnen und Ihren Produkten sind, dass sie Sie sofort weiterempfehlen würden?«

Susie wurde munter. »Sicher, da gibt es einige. Mehrere eigentlich, die mich schon des Öfteren weiterempfohlen haben.«

»Fantastisch«, rief Paul strahlend aus, »das sind Ihre *A*, Ihre Fürsprecher. *Ihre A sind diejenigen Menschen, die Sie ganz bestimmt weiterempfehlen.* Diese Menschen machen freiwillig Mund-zu-Mund-Werbung für Sie. Sie werden feststellen, dass im Durchschnitt etwa zehn bis zwölf Prozent der Menschen, die Sie kennen, in die Kategorie *A* fallen. Wer diese Menschen konkret sind, lässt sich ziemlich rasch feststellen. Wer sind also Ihre *B*?«

»Eigentlich sollte ich Sie das fragen«, meinte Susie.

»Oh, okay. Entschuldigung«, Paul lachte.

»Also gut, *Ihre B sind Leute, von denen Sie glauben, dass sie hinter Ihnen stehen und Sie weiterempfehlen werden, wenn Sie ihnen erklären, wie Sie arbeiten.* Für die Kategorie B gilt, dass Sie mehr über diese Leute erfahren und aktiv eine bessere Beziehung zu ihnen aufbauen möchten. Wenn Sie den Kontakt zu ihnen suchen und diesen konsequent aufrechterhalten, werden viele von ihnen automatisch in die Kategorie *A* wandern. Bei den *B* müssen Sie sich vor allem darauf konzentrieren, dass sie zu *A* werden. *Menschen der Kategorie B* sind etwas schwieriger auszumachen. Sie werden feststellen, dass Ihre *B* etwa 17 bis 20 Prozent derjenigen Personen, die Sie kennen, ausmachen.«

»Und die *C*?«

»*In die Kategorie C fallen die Menschen, bei denen Sie sich nicht sicher sind, ob Sie eine Beziehung zu ihnen aufbauen wollen. Trotzdem aber wollen Sie mit ihnen in Kontakt bleiben.* Vielleicht haben Sie sie gerade erst kennen gelernt oder sie sind Ihnen nur kurz vorgestellt worden. Da Sie jedoch Visitenkarten ausgetauscht haben, ist eigentlich klar, dass diese Personen zumindest nichts dagegen haben, dass Sie mit ihnen kommunizieren. Bei Menschen der C-Kategorie sind Sie nicht sicher, ob sie Sie tatsächlich weiterempfehlen würden – selbst wenn Sie ihnen Ihre Arbeitsweise und Ihre Produkte ausführlich dargestellt haben. Aber Sie hoffen zumindest auf eine Weiterempfehlung.

Die letzte Kategorie, nämlich die Kategorie D, ist fast so wichtig wie die erste. Denn sie hilft Ihnen, Ihr Geschäft in einem gewissen Umfang zu steuern. *Die Kategorie D ist gleichbedeutend mit ›löschen‹ oder ›zurückstellen‹.* Mit diesen Menschen wollen Sie, da sind Sie sich ganz sicher, nicht zusammenarbeiten.«

»Sie scherzen. Habe ich denn überhaupt die Wahl?«

Paul lächelte leicht ironisch. »Es gibt eine alte Weisheit, die besagt, dass wir nicht nur nach den Menschen beurteilt werden, mit denen wir Geschäfte machen, sondern auch nach denen, mit denen wir keine machen wollen. Insofern ist die Antwort ›Ja‹. Es ist eine Art ›Nein, danke‹-Liste. Eine Liste derjenigen Personen, mit denen Sie lieber keine Geschäfte machen wollen.«

»Oh!«

»Netter Gedanke, nicht wahr? Nein sagen zu dürfen?«

»Nett? Das klingt unglaublich«, wunderte sich Susie. »Aber ich bin gespannt, wie das ganze System funktioniert.«

»Langsam, langsam«, lachte Paul wieder. »Dazu kommen wir noch, keine Sorge. Wir gehen Schritt für Schritt vor. Ich verspreche Ihnen aber: Highground hat sein System perfektioniert und bis ins kleinste Detail ausgearbeitet.«

»Wirklich?«

»Wirklich. Darum sitzen wir ja hier.« Paul öffnete seine Aktentasche. »Ich möchte Ihnen jetzt erst einmal etwas zeigen. Ich habe einen Ausdruck meiner Datenbank mitgebracht. Dort habe ich die Menschen in die drei Kategorien eingeteilt.« Er zog einen zusammengehefteten Computerausdruck aus seiner Aktentasche und reichte ihn Susie.

Susie studierte den Ausdruck genau und meinte dann: »Oh, Paul, Sie haben weniger *A*, als ich erwartet habe.«

»Das ist beabsichtigt, Susie. Das Kostbarste, das wir alle besitzen, ist Zeit. Ich kommuniziere mit den Menschen der Kategorie *A* jeden Monat schriftlich und in vielen Fällen auch im persönlichen Gespräch. Ich wähle meine *A-Menschen* daher mit sehr viel Bedacht aus. Sie müssen bewiesen haben, dass sie sich für meine Sache einsetzen und mich weiterempfehlen, also starke Fürsprecher meiner Sache sind. Denn sie sind diejenigen, denen ich einen Großteil meiner Zeit widme – und von denen auch mein finanzieller Erfolg abhängt. Ich glaube, Highground hat morgen für Sie einen Termin mit Sara Simpson verabredet. Sie wird Ihnen verdeutlichen, was ich meine.«

»In Ordnung«, sagte Susie, »aber welche Art von Datenbankprogramm verwenden Sie? Für welches sollte ich mich entscheiden? Ich habe von diesem Rummel um CRM-Software gehört – ich nehme an, das steht für Customer Relationship Management, korrekt? Sollte ich auch E-Mails einsetzen?«

Paul machte eine abwehrende Geste und lächelte. »Hallo, junge Dame. Nicht so eilig, alles zu seiner Zeit. Es gibt eine Anzahl guter Programme auf dem Markt: Act, Goldmine, Outlook, Sales Logix, MyRMS.com, ACCPAC, eAssist, People-Soft, Sieble Systems, Salesforce.com und so weiter. Nehmen Sie das Programm, mit dem Sie am besten zurechtkommen. Das Wichtigste ist, sich für eins zu entscheiden und es optimal zu nutzen. Die einzige Voraussetzung ist, dass Sie mit dem Programm die Kategorien *A*, B, C und D erstellen können!«

Paul stellte seine Aktentasche ab. »Bevor ich dieses System

hatte, ließ ich das Geschäft einfach so laufen, statt es aktiv zu beeinflussen. Mittlerweile weise ich alle neuen Mitarbeiter der Autovertretung in dieses System ein. Es macht mir richtig Spaß, anderen Menschen dabei zu helfen, die größte Hürde im Geschäftsleben zu überwinden – neue, geeignete Kunden zu finden, mit denen man regelmäßig geschäftlich zu tun haben möchte. Mit anderen Worten: Von der Kundenakquise per Zufallsprinzip, bei der man blind Werbeschreiben aussendet, planlos in der Gegend herumtelefoniert und auf Resonanz hofft, habe ich mich verabschiedet.«

Susie schüttelte ihren Kopf. »Gott sei Dank, ich hasse das.«

»Ich auch. Aber das müssen wir ja auch nicht tun, denn Highgrounds System ermöglicht es, Menschen aufgrund der ausdrücklichen Empfehlung ihrer Freunde und Geschäftspartner anzusprechen – gezielt und regelmäßig. So wie Sie von Highground an mich verwiesen wurden. Er sprach mit Respekt von mir, nicht wahr?«

»Ja, das tat er«, bestätigte Susie.

»Und als wir uns dann begegneten, hatten Sie schon eine recht hohe Meinung von mir, oder?«, fragte Paul.

»Na ja, schon. Er hat Sie sehr gelobt. Obwohl Sie mir zunächst – ehrlich gesagt – etwas unscheinbar vorkamen.«

»Immerhin aber hatten Sie eine gute Meinung von mir – aufgrund der Empfehlung von Herrn Highground. Und darum geht es bei dem System. Wenn wir uns die Zeit nehmen, über unsere Vergangenheit nachzudenken: Sind nicht alle wichtigen Beziehungen – geschäftlich oder privat – größtenteils aufgrund einer Empfehlung zustande gekommen? Durch einen Fürsprecher, der Ihre Fähigkeiten weiterempfiehlt, sodass man es nicht selbst tun muss?«

»Vollkommen richtig«, bestätigte Susie, »*die Menschen glauben nicht an das, was man ihnen über sich selbst erzählt, sondern das, was andere über einen sagen.«*

Darüber musste Paul lachen. »Meine Güte, Susie, Sie klingen wie Highground! Sie verstehen, worum es geht! Macht es daher nicht Sinn, ein System zu nutzen, das einem diese Art zu arbeiten jeden Tag ermöglicht? Durch die Einteilung Ihrer Daten in die Kategorien A, B und C werden Sie in der Lage sein, die Menschen, die Sie zurzeit kennen, und alle, die Sie in Zukunft kennen lernen werden, aktiv anzusprechen. Von nun an werden Sie jeden Ihrer Freunde und Geschäftspartner unter dem Aspekt betrachten, vielleicht eine lebenslange Beziehung zu ihm aufzubauen. Sie werden sich nicht mehr gedrängt fühlen, Ihre Produkte jedem, dem Sie begegnen, aufzudrängen, sondern sie nur denen anbieten, bei denen es für Sie Sinn macht.«

»Hat Paul mit Ihnen über Ihre ABC-Kategorien gesprochen?«

Highground war zurückgekehrt und stand an ihrem Tisch.

Er schaute Paul an und meinte: »Wissen Sie noch, wie ich erwähnte, dass ich Sie, falls Ihre Zeit es zulässt, bitten würde, Susie zu erläutern, wie es uns gelang, den Umfang Ihrer Datenbank durch die Übernahme einer Liste früherer Kunden Ihrer Vertretung zu vergrößern? Können Sie uns jetzt diesen Gefallen tun?«

»Kein Problem, HG«, erwiderte Paul sofort. Er wandte sich Susie zu.

»Seinerzeit standen nicht allzu viele Namen auf meiner Liste, Susie, und unser Herr Highground riet mir, die Inhaber des Autohauses um eine Liste früherer Kunden zu bitten. Ich setzte ein Schreiben auf, das der Inhaber an frühere Kunden schickte. Es besagte im Wesentlichen, wie sehr er sie als Kunden schätzte und dass er einfach einmal nachfragen wollte, ob sie noch Fragen oder Wünsche hätten, die er beantworten und erfüllen könnte. Dann bat ich den Inhaber, mich in dem Schreiben als

Manager und Hauptansprechpartner vorzustellen, an den sich diese Kunden jederzeit wenden könnten. Ein paar Tage später meldete ich mich bei allen telefonisch, um offene Fragen zu beantworten. Außerdem fragte ich an, ob es ihnen recht wäre, wenn ich mit ihnen persönlich in Verbindung bliebe. Das wirkte wie ein Zauberspruch. Ich übernahm mehr als 75 neue Namen in meine persönliche Datenbank und startete dann eine ausgiebige Betreuungsaktion. Mittlerweile hat fast jeder auf der Liste schon mehrmals ein neues Auto bei mir geleast oder gekauft, und ich bin so oft weiterempfohlen worden, dass man es nicht mehr zählen kann. Ich habe das Schreiben für Sie kopiert. Es ist an das Ehepaar Turek adressiert. Sie können es gern mitnehmen.«

Paul reichte Susie die Kopie.

»Das ist unglaublich, Paul«, meinte Susie, nachdem sie das Schreiben überflogen hatte, »ich könnte ohne weiteres das Gleiche bei meinen Kunden machen.«

Paul schaute auf seine Uhr. »Was, ist es schon 15 Uhr? Wo ist nur die Zeit geblieben? Susie, ich habe in ein paar Minuten ein Verkaufstraining. Wir haben uns gedacht, Sie würden auch gern teilnehmen. Ich weise ein paar neue Mitarbeiter ein und gebe ihnen einen Überblick über mein System. Möchten Sie mitkommen?«

»Ja, sehr gerne.«

»Wir haben uns gedacht, dass Sie das sagen würden«, meinte Highground schmunzelnd. »Gehen wir?« Die nächste Stunde saß Susie neben Highground und beobachtete fasziniert einen selbstsicheren Paul, der sieben neuen Verkäufern seine Produkte vorstellte und ihnen den Wert einer lebenslangen Kundenbeziehung erläuterte, die weit über den Empfang einer Provision hinausging.

Susie wurde ganz nervös. Sie sah sich selbst vor diesen sieben Verkäufern stehen – nachdem sie nur erst einmal das Highground-System und seine Philosophie ganz und gar verstanden hatte.

Nach dem Training bat Susie Paul um seine Visitenkarte und schrieb, für ihn deutlich sichtbar, ein großes *A* auf die Rückseite. Dann lächelte sie, schüttelte seine Hand und dankte ihm für einen äußerst aufschlussreichen Nachmittag.

Highground und Susie gingen die Straße hinunter zu Chucks Café, wo Susies Entdeckungsreise begonnen hatte.

Susie hatte unendlich viele Fragen. »Paul meinte, Sie hätten Ihr System geradezu perfektioniert. Stimmt das?«

»Ja, das stimmt«, lächelte Highground. Er genoss es immer zuzusehen, wenn bei seinen Schützlingen die Neugier geweckt war, seine Philosophie und sein System ganz kennen zu lernen. Im Vergleich zu gestern Morgen hatte Susie schon erstaunliche Fortschritte gemacht. Sie begriff langsam, aber sicher, worum es ging.

»Alle großen Firmen erstellen wenigstens ein Jahr im Voraus einen Marketingplan. Sie kreieren ein Firmenimage und alle Mitarbeiter müssen Ihr Verhalten danach ausrichten. Wie die Mitarbeiter ihre Kunden finden und ansprechen, bleibt ihnen selbst überlassen. Man erwartet, dass sie selbst herausfinden, wie Kunden gewonnen werden können.

Ich gehe anders vor. Ich zeige Menschen wie Ihnen, Susie, wie sie selbst einen schlagkräftigen Marketingplan aufstellen, der auf Ihren persönlichen Stil abgestimmt ist und auf einer einzigen Wahrheit basiert – der goldenen Regel. Sobald diese goldene Regel umgesetzt und von Ihnen sozusagen automatisch tagtäglich eingesetzt wird, brauchen Sie nicht länger über eine Strategie

Ken und Sue Turek
1007 Pacific Coast Way
Rancho Benicia, CA 92117

Liebe Sue, lieber Ken!

Ich möchte Ihnen mitteilen, wie sehr ich mich darüber freue,
dass Sie sich entschlossen haben, Ihren neuen BMW bei unserer
Vertretung zu kaufen. Unser Mitarbeiterteam und ich möchten,
dass Sie wissen, dass Sie sich bei Fragen oder Problemen jederzeit
an uns wenden können.

Aus diesem Grunde habe ich unseren neuen Verkaufsmanager,
Paul Kingston, gebeten, Ihnen bei Fragen oder Wünschen
persönlich zur Seite zu stehen. Paul ist ein sehr erfahrener Mit-
arbeiter und wir sind stolz darauf, ihn in unserem Team zu haben.
Für ihn ist die persönliche Beziehung zu jedem seiner Kunden das
Wichtigste.

Paul wird sich in nächster Zeit mit Ihnen in Verbindung setzen,
um sich persönlich bei Ihnen vorzustellen und eventuelle Fragen
zu beantworten.

Wir bedanken uns bei Ihnen und verbleiben
mit freundlichen Grüßen.

P. J. Stoddart
Direktor
Rancho Benicia AutoGroup, Inc.

nachzudenken, wie Sie Kunden gewinnen und an Ihr Unternehmen binden. Es geschieht wie von selbst.

Wenn das alles am Anfang zu viel auf einmal für Sie ist oder Sie die goldene Regel ganz einfach nicht selbst in die Praxis umsetzen können oder wollen, können Sie Hilfe von außen hinzuziehen. Doch damit würden wir das 4. Prinzip vorwegnehmen.«

Susie zog das Notizbuch aus ihrer Tasche, blätterte auf die entsprechende Seite und las laut:

»Also, 4. Prinzip: Bleiben Sie in Kontakt, ständig, persönlich und systematisch.«

Highground strahlte. »Das ist richtig. Aber bevor wir uns dieses Prinzip vornehmen, sollten wir überlegen, wie Sie mit Kunden am besten in Kontakt treten. Dafür haben wir das nächste Prinzip.«

Susie blätterte ein paar Seiten zurück und las: »*3. Prinzip: ›Sagen Sie es mir einfach.‹ Erklären Sie Ihren Kunden, wie Sie arbeiten und welchen Wert Sie für die Kunden haben, indem Sie regelmäßig, konsequent und nachhaltig von sich hören lassen.*« Sie schaute auf und seufzte.

Highground neigte sich ihr zu. Er verstand sie sehr gut. »Susie, ich möchte Sie bitten, heute Abend an einem ruhigen Ort über den Tag nachzudenken. In Ihrem Notizbuch finden Sie ein paar Überlegungen von mir zum Thema ›Ziele‹. Dort habe ich auch eine Aufgabe für Sie notiert. Halten Sie Ihre Gedanken dazu bitte schriftlich fest. Ich treffe Sie dann morgen um Punkt 8 Uhr. Philip und Sara werden Ihnen die nächsten beiden sehr wichtigen Prinzipien nahe bringen. Beide machen das großartig.«

»Sie glauben nicht, wie sehr ich Ihre Hilfe schätze«, sagte Susie.

»Das Vergnügen ist ganz meinerseits«, erwiderte Highground mit einem Lächeln. »Und ich hoffe, Sie haben heute einige tolle Denkanstöße erhalten. Bis morgen.«

Susie wollte schon gehen, als sie sich noch einmal umdrehte, um noch eine Frage zu stellen. Doch Highground war verschwunden – wieder einmal. Sie lächelte und schüttelte den Kopf. *Wer ist dieser Mann? Was für ein Tag,* dachte sie, *was für ein Tag!*

Abends zu Hause schlug sie ihr Notizbuch auf und fand die Seite, auf der Highground jene Aufgabe notiert hatte. Sie stand unter der Überschrift ›Ziele‹. Zudem hatte Highground dort eine kleine Notiz angeheftet:

Liebe Susie!

Sie haben mittlerweile herausgefunden, dass Sie eine Menge mehr Menschen kennen, als Sie annahmen, und die 250-mal-250-Regel des 1. Prinzips wird Ihnen langsam immer klarer. Sie wissen ebenfalls, dass eine Liste allein nicht ausreicht. Sie kennen das 2. Prinzip, nämlich, dass die Liste in die Kategorien A, B und C eingeteilt werden muss, damit Sie die Daten wirksam nutzen können. Sie wissen jetzt, wie viel einfacher alles ist, wenn die Kunden an Sie herantreten, weil man Sie empfohlen hat.
Bevor wir weitermachen, stelle ich Ihnen eine Aufgabe. Ich glaube sehr daran, dass man sich Ziele setzen muss, um die Dinge ins Rollen zu bringen. Einer meiner Lieblingssprüche ist: »Wenn man nicht weiß, wohin man geht, führt jeder Weg dahin.« *Und ein weiterer lautet:* »Erfolg ist ein Ziel mit Terminvorgabe.«
Wir werden daher ein paar kurzfristige Ziele festlegen. Langfristige Ziele sind wunderbar geeignet, die zukünftige Gesamtentwicklung zu beschreiben, doch es sind die kurzfristigen Ziele, die sofort etwas bewirken.
Auf den nächsten zwei Seiten finden Sie zwei Arbeitsblätter, die Ihnen den Anfang erleichtern sollen. Ein Tipp: Es hilft Ihnen sehr,

wenn Sie bei der konkreten Beschreibung Ihrer Ziele so tun, als seien sie bereits erreicht. Stellen Sie sich also vor, Sie hätten die ersten zwei Prinzipien bereits umgesetzt.

Legen Sie den Termin, an dem Sie das 1. Ziel erreicht haben möchten, auf zwei Wochen ab dem heutigen Datum fest. Legen Sie den Termin, an dem Sie das 2. Ziel erreicht haben möchten, auf acht Wochen ab dem heutigen Datum fest. Versetzen Sie sich dann in die Zukunft und stellen Sie sich vor, Sie hätten alles geschafft, was Sie sich vorgenommen haben. Und seien Sie dabei nicht zu bescheiden! Sie haben das Zeug dazu, Ihre Ziele zu erreichen!.

Viel Glück und alles Gute!

D. M. Highground

Susie nahm sich die Arbeitsblättern vor und fing an zu schreiben. Als sie fertig war, las sie sich ihre Notizen zu ihren Zielen nochmals durch:

1. ZIEL

ZIEL: MEINE 250-MAL-250-LISTE FERTIG STELLEN. MEINE VERÄNDERTE DENKWEISE »LEBEN«.

ZIELTERMIN: Zwei Wochen ab heute.

HEUTE IST DER 1. JULI UND ICH HABE: die letzten zwei Wochen damit verbracht, mein Ziel abzustecken, und viel Zeit dafür aufgewandt, einen neuen Marketingplan für meine Firma zu erstellen. Ich habe jetzt erkannt, dass eine Beziehung wesentlich wichtiger ist als die daraus resultierenden kurzfristigen finanziellen Vorteile. Ich weiß, dass es geschäftlich Sinn macht, mehr Zeit mit dem Aufbau von Beziehungen zu verbringen, denn sie haben lebenslangen Wert. Ich habe verinnerlicht, dass ich über die 250 Menschen auf meiner Liste wirklich mit Tausenden von Menschen auf persönlicher Ebene kommunizieren kann.

ICH HABE SCHON ERFAHREN: Meine eingefahrenen Denkbahnen habe ich verlassen. Von den Denkmustern, die mich vor zwei Wochen noch geleitet haben, habe ich mich verabschiedet. Ich blicke voller Zuversicht in die Zukunft.

ICH HABE DAS GEFÜHL, DASS: ich die Richtung bestimme, denn ich stütze mich jetzt auf einen durchdachten und praxiserprobten Plan, der mir sagt, wie ich jeden Tag vorgehen soll.

ICH FREUE MICH AUF DEN TAG: an dem ich dieses System täglich einsetzen und damit regelmäßig Erfolge erzielen kann.

MEINE PARTNER UND KOLLEGEN SIND: beeindruckt von meiner neuen Denkweise. Sie stellen Fragen zu meinem neuen Ansatz. Sie erleben mich als selbstbewussten und zuversichtlichen Menschen, was damit zusammenhängt, dass ich nun ich selbst bin. Ich versuche nicht mehr, jemand anders zu sein.

ICH BIN ENTSCHLOSSEN: jeden Tag meinen Zielen ein Stückchen näher zu kommen. Falls nötig, überarbeite ich meine Ziele.

2. ZIEL

ZIEL: MEINE 250-MAL-250-NAMENLISTE IN DIE KATEGORIEN A, B UND C EINTEILEN.

ZIELTERMIN: Acht Wochen ab heute.

HEUTE IST DER 15. AUGUST UND ICH HABE: gerade meine Datenbank mit den über 250 Namen überarbeitet. Ich habe die vier Kategorien – A, B, C und D – erstellt und kann jede Kategorie automatisch aufrufen. Ich kann innerhalb von Sekunden ein Schreiben an viele Adressaten versenden. Aus Erfahrung weiß ich heute, dass dies der einzige Marketingplan ist, den ich je benötigen werde. Mit einem Erstschreiben, in dem ich mich vorstelle und den Stellenwert, den meine Kunden für mich haben, sehr deutlich mache, habe ich zu den Menschen auf meiner Liste Kontakt aufgenommen.

ICH HABE SCHON ERFAHREN: 15 echte Empfehlungen aus dem Kreise meiner 250-mal-250-Liste! Diese Menschen habe ich angerufen, weil sie mich darum gebeten haben – ganz, wie Highground es vorhergesagt hatte.

ICH HABE DAS GEFÜHL, DASS: ich meinen Tag positiver angehe, weil ich mich bei meinen Aktivitäten auf einen bewährten Plan stütze und damit Erfolge erziele. Ich fühle mich wohl, weil ich meinen Platz in der Geschäftswelt gefunden habe, der mir erlaubt, authentisch zu sein.

ICH FREUE MICH AUF DEN TAG: an dem es mir gelingt, mithilfe des Konzepts von Herrn Highground zu allen Menschen eine Beziehung aufzubauen, an denen mir gelegen ist. Ich muss mich nicht länger dafür entschuldigen, dass ich bei einigen Kunden nicht nachgehakt habe, denn mein System sorgt dafür, dass dies gar nicht mehr passiert. Alle gratulieren mir dazu, dass es mir gelingt, regelmäßig den Kontakt zu halten und die Beziehungen zu pflegen.

MEINE PARTNER UND KOLLEGEN: würdigen mich aufgrund der Disziplin, die ich in meinem Geschäft zeige, als kompetente Geschäftsfrau. Mehrere von ihnen haben mich gebeten, mein Geheimnis mit ihnen zu teilen.

ICH BIN ENTSCHLOSSEN: den Kurs zu halten, meine Fähigkeiten weiterzuentwickeln und meinem Persönlichkeitstyp treu zu bleiben.

Susie legte ihren Bleistift beiseite und lächelte. Die Aufgabe machte Sinn. Sie hatte sich ihr zukünftiges Leben vorgestellt und ihr gefiel, was sie da gesehen hatte. Sie klappte ihr Notizbuch zu, knipste das Licht aus und schlief – zum ersten Mal seit langer Zeit – mit Vorfreude auf den nächsten Tag ein.

KAPITEL 5

Wie Sie vehemente Fürsprecher gewinnen, die Sie aktiv weiterempfehlen

Am nächsten Morgen wachte Susie früher auf als üblich, noch bevor die Sonne über den Bergen östlich von Rancho Benicia aufgegangen war. Trotzdem konnte sie einfach nicht wieder einschlafen. Susie war zu aufgeregt, immer wieder musste sie an das denken, was sie in den Tagen zuvor erlebt und erfahren hatte. Zum ersten Mal seit Wochen beschäftigten sie nicht negative, sondern positive Gedanken. Ihre Stimmung war geradezu euphorisch, wenn sie sich all das ins Gedächtnis rief, was ihr in den letzten zwei Tagen an Ideen, Hoffnungen und Erlebnissen widerfahren war. Sie sah ihre Situation nicht nur in einem ganz anderen, nämlich helleren Licht, sondern sie stellte bereits, nachdem sie gestern Abend ihre Ziele ausgearbeitet hatte, in Gedanken einen umsetzungsorientierten Aktionsplan auf, der auf ihre persönlichen Bedürfnisse abgestimmt war.

Wenn sie früher während eines Seminars von Konzepten und Methoden gehört hatte, die ihr nicht gefielen, hatte sie sich von diesen Strategien nicht verabschiedet, sondern sie sich so lange zurecht gelegt, bis sie eine Lösung für ihre Probleme zu sein schienen. Das betraf etwa die Kundenansprache per Telefon, die Abschlusstechniken oder auch den Umgang mit Beschwerden.

Bei Highgrounds Konzept jedoch musste sie nichts beschönigen, weil es keinerlei lästige Pflichten enthielt, in dem Konzept gab es keinen einzigen Aspekt, den sie nicht voll und ganz unterschreiben konnte. Besonders freute sie sich, dass sie diese lästige Telefonakquise außen vor lassen konnte.

Nach einer erfrischenden Dusche kleidete sie sich besonders sorgfältig an, wollte sie doch so gut aussehen, wie sie sich an diesem Morgen fühlte. Minuten später schlenderte sie die Hauptstraße entlang und genoss den faszinierenden Anblick des Ozeans. Der Morgennebel hatte sich noch nicht aufgelöst. Susie spürte, dass weitere große Entdeckungen auf sie warteten, und hatte das Gefühl, dass ihr Leben vor einem Neubeginn stand. Sie schaute noch einmal in ihre Tasche, um sich zu vergewissern, dass sie ihr Notizbuch dabeihatte, denn sie freute sich darauf, die Ziele, die sie am Abend vorher aufgeschrieben hatte, mit Highground durchzugehen.

Highground erwartete sie bereits in Chucks Café. Er musterte gerade die verführerischen Plätzchen hinter dem Glastresen.

»Guten Morgen, Susie«, grüßte er sie so munter, wie sie sich fühlte. »Sind Sie bereit?«

»Ich war nie im Leben bereiter.«

»Großartig. Lassen Sie uns ein paar Plätzchen und unseren Kaffee bestellen und einen Tisch aussuchen. Das wird uns helfen, Ihre gestrigen Überlegungen in Ruhe zu besprechen. Danach möchte ich Ihnen sagen, was Sie heute erfahren werden.«

Kurz darauf saßen sie an einem der vorderen Tische. Kaffeetassen, Plätzchen und natürlich das Notizbuch lagen verstreut zwischen ihnen. Während Highground Susies ausgearbeitete Ziele durchlas, wurde sein Lächeln breiter und breiter.

»Es macht mir einfach ungeheuren Spaß zu beobachten, wie Sie immer tiefer in mein Konzept eintauchen, Susie.«

Susie nahm ihre Tasse und lehnte sich zurück – ihre Haltung drückte aus, wie selbstbewusst sie mittlerweile war. »Sie meinen, dass ich den Wert einer lebenslangen Beziehung begreife, den Wert der Empfehlungen, die ein Mensch in seinem Leben ausspricht? Und den Wert einer Kundenbeziehung, die entsteht, wenn man sich auf eine gut organisierte Datenbank, die in Kategorien eingeteilt wurde, stützt? Den Wert eines Ziels mit achtwöchiger Terminvorgabe?«

Highground lehnte seinen Kopf zurück und lachte laut und herzlich. »Sie machen das ganz hervorragend, Susie, Sie passen das System schon Ihrem eigenen Stil an. Ich freue mich schon jetzt darauf zu sehen, welche Entwicklung Ihre Ziele in den nächsten acht Wochen nehmen werden. Ich glaube, Ihre Ziele und Sie haben eine großartige Zukunft vor sich.«

»Vielen Dank, Herr Highground«, sagte Susie, »aber ich muss Ihnen etwas gestehen. Ich würde mich nicht wohl dabei fühlen, wenn ich anderen Menschen erzählte, ich würde nach einem auf Empfehlungen basierenden Konzept arbeiten, obwohl ich das eigentlich – noch – gar nicht tue. Aber das ist wohl der nächste Schritt, nicht wahr? Ich muss ganz von vorne anfangen und dem Konzept nun Taten folgen lassen, oder?«

Highground nickte. »Gut erfasst. Jeder Mensch, dem ich helfe, sieht sich mit diesem Problem konfrontiert. Philip wird Ihnen heute Morgen verdeutlichen, wie Sie Mitarbeiter oder Menschen, die mit Ihnen zusammenarbeiten, in das Konzept einweisen und wie Sie die Kunden, die in Ihrer Datenbank erfasst sind, Ihre Arbeitsweise anschaulich erläutern. Zuerst jedoch müssen Sie selbst sich mit dem Konzept näher beschäftigen. Sie müssen das System leben, damit Sie es mit anderen teilen können. Darum geht es, wenn man authentisch sein möchte.«

»Das freut mich. Das Letzte, was ich will, ist, als etwas zu erscheinen, was ich nicht bin«, sagte Susie, »ich habe mich lange genug verbogen.«

»Können Sie sich vorstellen, wie viele Menschen das nie schaffen? Sie haben schon die halbe Strecke hinter sich.«

Highground rückte vom Tisch weg, als er Philip zur Tür hereinkommen sah. »Bedenken Sie, Susie, dass Philip der geschäftsmäßig-persönliche Typ ist. Sein Stil unterscheidet sich also erheblich von Sheila Maries oder Pauls Vorgehensweise.«

Philip war wie immer sehr pünktlich und elegant gekleidet. »Guten Morgen, ich bin Philip Stackhouse«, begrüßte er Susie mit einem warmen, zuversichtlichen Lächeln.

»Philip«, meinte Highground, »dies ist die Bekannte, von der ich Ihnen erzählt habe, Susie McCumber.«

»Hallo, Philip«, antwortete Susie, »wie nett, Ihre Bekanntschaft zu machen.«

Highground bedeutete ihm, sich zu ihnen zu setzen. »Philip, ich habe Susie gerade erzählt, was Sie heute Morgen mit ihr besprechen werden, nämlich wie man andere in das System einweist.«

»Wird wohl mehr eine Art Beeinflussung werden«, lachte Philip und setzte sich.

»Warum erzählen Sie Susie nicht zuerst ein wenig von sich und der Situation, in der Sie sich befanden, als wir uns kennen lernten? Ich denke, ich lasse Sie ein paar Stunden allein, damit Sie alles bereden können, bevor Ihre Kunden hier eintreffen. Sie treffen sich doch hier, oder?«

»Doch, so ist es.«

»Gut, dann werde ich gegen 11 Uhr zurück sein, passt das?«

»Kein Problem«, meinte Philip. Susie nickte und winkte Highground zu, während der wieder einmal lautlos verschwand.

»Also, Susie«, begann Philip und lehnte sich zu ihr hinüber.

»Was halten Sie von all dem, das Sie in den letzten Tagen so gehört und gesehen haben?« Philip hatte ihr seine Aufmerksamkeit plötzlich und direkt zugewandt, fast als ob er sie verhören wollte.

Philips prüfender Blick verunsicherte Susie ein wenig, etwas von ihrer alten Nervosität kehrte zurück. Dass Philip seiner Kleidung und seinem Auftreten nach zu urteilen offensichtlich ein außerordentlich erfolgreicher Mann war, steigerte ihre Nervosität nur noch. Dann aber dachte sie an das, was sie den Tag zuvor gelernt hatte, und daran, dass sie von Highground an Philip verwiesen worden war, ohne dass sie diesem etwas beweisen musste. Sie schaute Philip also in die Augen und sagte: »Ich habe immer noch einige Fragen, aber was mir am besten an Highgrounds Konzept gefällt, ist, dass ich nicht versuchen muss, jemanden zu beeindrucken. Übrigens auch Sie nicht. Ich muss nur ich selbst sein. Das ist mir jedenfalls gestern bei Sheila Marie und Paul aufgefallen. Auch erschien mir das System anfänglich gar zu einfach, aber ich denke, das ist nur mein erster Eindruck. Eigentlich finde ich immer mehr, dass es professioneller und überzeugender klingt als jedes andere Konzept, von dem ich bisher gehört habe. Ich denke, ich muss nun vor allem lernen, es konsequent anzuwenden.«

Susie hatte ihr Unbehagen überwunden und sich für das Thema erwärmt, was Philip sehr wohl bemerkte. Er lächelte beeindruckt. »Ich glaube, Sie werden dieses System so gut umsetzen wie jeder meiner Bekannten, und ich freue mich schon darauf zuzuschauen, wie Ihnen das gelingt. Sie werden sich über die Erfolge ehrlich freuen. Da Sie jetzt den Wert einer Beziehung verstehen und kennen und zudem gelernt haben, eine Datenbank mit den Kategorien A, B und C anzulegen, fällt es mir zu, Ihnen die nächsten Schritte zu erklären.«

»Und die wären?«

»Leben Sie das System«, riet Philip trocken, »was halten Sie davon?«

»Das macht Sinn. Wie haben Sie das erkannt und umgesetzt?«, fragte Susie.

»Moment mal, ein Schritt nach dem anderen«, sagte Philip. »Das Verständnis, wie man dieses System lebt und andere darin einweist, kommt nicht über Nacht. Es beginnt mit einer Änderung Ihrer Wahrnehmungsweise – zuerst, wie Sie sich selbst wahrnehmen, dann das Wissen, wie andere Sie sehen. Ist das erst einmal geschehen, werden auch die Menschen, die Sie zukünftig treffen, diese neue Wahrnehmungsweise sofort übernehmen.«

Er machte ein Zeichen, um Chucks Aufmerksamkeit auf sich zu lenken.

»Wie immer?«, rief Chuck herüber.

Philip signalisierte ihm mit seinem Markenzeichen, dem ›Daumen hoch‹-Zeichen, sein Einverständnis und nahm das Gespräch wieder auf. »Wissen Sie, was Highground vor allem bei uns bewirkt? Er ändert die Wahrnehmungsweise. Zuerst ändert er unsere Einstellung zu uns selbst, was wiederum hilft, die Einstellung der Menschen um uns herum zu verändern.«

»Das ist ihm bei mir in den letzten zwei Tagen ganz sicher gelungen«, meinte Susie.

»Ich habe meine Geschäfte nicht immer auf der Grundlage einer Datenbank und der Weiterempfehlung geführt«, gestand Paul. »Bevor ich Highground traf, unterwies ich die Finanzplaner in meinem Büro, wie man Aufträge ohne vorherige Kontaktaufnahme akquiriert. Ich warb in Zeitungen, im Fernsehen, wo immer ich Geld in der Hoffnung investieren konnte, das Telefon würde klingeln und der Auftrag rufen. Ich war ziemlich gut darin. Ich hatte schon immer ein Händchen fürs Verkaufen, bereits schon zu Beginn meiner Karriere. Als junger Berater saß ich in einem Großraumbüro am Telefon, zwischen Trennwänden, und verkaufte sehr erfolgreich Versicherungspolicen. Der Job war nicht sehr zufriedenstellend, aber ich nahm an, jeder würde auf diese Art Geschäfte machen.«

»Sie waren also gut in der Telefonakquise?«

»War ich«, gab Philip zu, »ich mochte es nur nicht. Dann habe ich meine eigene Firma gegründet und versucht, meine Mitarbeiter, zumeist unerfahrene Verkäufer, in der Kunst des herkömmlichen Verkaufens zu unterrichten, und dabei war ich nicht sehr erfolgreich. Ich habe festgestellt, dass es nur sehr wenige Menschen gibt, die gute Verkaufsgespräche am Telefon führen, mit Beschwerden angemessen umgehen, sich dem Kunden als Problemlöser präsentieren und neu Gelerntes auch effektiv umsetzen können. Selten trifft man auf jemanden, der wirklich gut in der telefonischen Ansprache ist oder es über einen längeren Zeitraum aushält, auch immer wieder Frusterlebnisse zu haben. Na ja: Je mehr jedenfalls die Anzahl meiner Abschlüsse und die meiner Mitarbeiter zurückging, desto mehr Geld gab ich aus für Weiterbildungs- und Verkaufsseminare, in denen regelmäßig versprochen wurde, dort die wirklich todsichere Akquisitionsmethode kennen zu lernen. Als ich schließlich Highground traf, war ich am Ende meiner Weisheit. Er erklärte mir, ich stünde ›auf der Leiter‹ – sicher kennen Sie dieses Bild schon. Ich war an einem Scheideweg in meiner Karriere angelangt und sehr frustriert und entmutigt. Ich war soweit, noch einmal von vorn anzufangen und zehn Stunden am Tag das Telefon zu bearbeiten. Das war nicht mein Wunsch, aber ich dachte, so zumindest die Rechnungen bezahlen zu können.«

»Das Gefühl kenne ich«, meinte Susie.

»Aber durch eine kleine Reise, auf der Sie sich auch gerade befinden, wurde meiner Firma und meinem Leben eine neue Richtung gewiesen. Man respektiert mich nun, ich mache Geschäfte mit den Menschen, mit denen ich Geschäfte machen möchte, und habe mehr Zeit für die Dinge, die ich liebe und gerne mache. Alle meine Mitarbeiter kennen Highgrounds System, das auch bewirkt hat, dass sie sich nun viel mehr mit meiner Firma identifizieren. Sie alle haben den kleinen Satz: ›Sagen Sie es mir einfach‹ verinnerlicht und leben ihn tagtäglich im Umgang mit den Kunden.«

Susie schaute ihn verwundert an. »Sagen Sie es mir einfach?«

»Oh ja. Das ist das Herzstück des 3. Prinzips – ›Sagen Sie es mir einfach‹. Erklären Sie Ihren Kunden, wie Sie arbeiten und welchen Wert Sie für die Kunden haben, indem Sie regelmäßig, konsequent und nachhaltig von sich hören lassen. Das erzählen wir allesamt, die Highgrounds System verinnerlicht haben, allen Kunden, mit denen wir zu tun haben. Wir möchten die Menschen dazu bringen, uns zu sagen, ob wir ihnen geschäftlich oder auf sonstige Weise behilflich sein können. Sie werden noch genauer erfahren, wie Sie das umsetzen können, wenn Sie das 4. Prinzip näher kennen lernen. Jetzt genügt es, dass Sie wissen, welche erstaunliche Wirkung es hat, wenn Sie dieses Prinzip im Umgang mit Ihren Kunden einsetzen. Auf keinen Fall dürfen Sie den Eindruck erwecken, Sie seien nur am eigenen Vorteil interessiert. Die wichtigsten Bausteine in einem System, das auf Empfehlungen basiert, sind vielmehr der regelmäßige Kontakt zu den Kunden und das einfühlsame Erklären Ihrer Arbeitsweise.«

Susie lächelte. »Das gefällt mir. Es klingt so – wie soll ich sagen – so echt, so authentisch und ehrlich gemeint.«

»Weil es das tatsächlich ist«, erwiderte Philip. »Darin liegt die Schönheit von Highgrounds Konzept und Philosophie. *Es ist echt und authentisch.* Wir sind ständig dabei, Menschen zu helfen; wir versuchen alles, um unsere Kunden auf eine Weise zu betreuen, die in den üblichen Geschäftskonzepten von vornherein ausgeschlossen sind. Der Geschäftsmann vom alten Schlag würde diese Art der Betreuung nicht billigen, ich hätte es vor ein paar Jahren auch nicht getan. Jetzt jedoch gehört sie zu unserem Dienst am Kunden dazu. Wenn wir das 3. Prinzip und auch die anderen Prinzipien wirklich anwenden und mit Leben füllen, dann kann sich der Gedanke, der hinter diesem Konzept steckt, entfalten.«

»Was meinen Sie damit? Etwa der Gedanke, dass die Anwendung des Gesamtkonzepts, also auch des 3. Prinzips, zur Weiterempfehlung führt?«

»Genau das meine ich. Denn dadurch, dass wir die Prinzipien, die wir vertreten, auch leben, erwerben wir eine Art ›Erlaubnisschein‹ – nämlich die Erlaubnis, ja das Recht, jeden, den wir kennen, um eine Empfehlung zu bitten, und ich meine tatsächlich jeden.«

Philips Blick wurde plötzlich warm und gleichzeitig geschäftsmäßig. Susie kam aus dem Staunen nicht heraus, begriff aber, dass Philip ihr das, was er ihr erklärte, veranschaulichen wollte. Er schaute ihr direkt in die Augen und sagte: »So, Frau ›Sehr bedeutende Kundin‹, sagen Sie mir einfach, wie ich Ihnen geschäftlich oder auf sonstige Weise behilflich sein kann. Und wenn Freunde oder Kollegen von Ihnen Interesse an unseren Dienstleistungen haben, rufen Sie mich bitte an und geben Sie mir ihre Namen. Ich werde sie genau so behandeln, wie ich Sie behandelt habe. Sagen Sie es mir einfach.« Er lehnte sich in seinem Stuhl zurück und lächelte. »Verstanden?«

Susie strahlte. »Klar. ›Sagen Sie es mir einfach‹ hat eigentlich zwei Bedeutungen: Zum einen bedeutet es, dem Kunden die

Arbeitsweise deutlich zu erklären. Und zum anderen heißt es, den Kunden direkt um eine Empfehlung zu bitten.«

Philip nickte. »Es ist ein Geben und Nehmen, und die Menschen reagieren darauf. Wirklich. Und genau das werden auch Sie erleben.«

Susie hatte plötzlich einen unbehaglichen Gedanken. »Bezahlen Sie jemanden für eine Empfehlung, wenn er Ihnen einen Kunden vermittelt?«

Philip konnte sich ein Lächeln nicht verkneifen. »Gute Frage. Von Highground habe ich auch gelernt: Wenn es zum Beispiel in einer bestimmten Branche üblich ist, eine Art ›Vermittlungs- oder Empfehlungsgebühr‹ zu bezahlen, sollte man dies tun. Meine Erfahrung zeigt aber, dass dies eher die Ausnahme ist. Sie würden ja auch nie erwarten, dass Ihnen jemand Geld anbietet, weil Sie einem Freund ein gutes Restaurant oder einen Film empfohlen haben. Sie empfehlen, weil Sie hervorragend bedient worden sind oder den Film genossen haben und glauben, dass Ihre Freunde ebenfalls Spaß daran hätten. Wenn Sie dann ein Restaurant, das Sie empfohlen haben, wieder aufsuchen, wird man Sie vielleicht bevorzugt behandeln«, rief er laut genug aus, dass Chuck, der auf sie zukam, ihn hören konnte, »genau wie bei Chuck hier im Café!«

»Hey, reden Sie über mich?«, meinte Chuck mit gespielter Entrüstung in der Stimme und stellte einen Becher mit frischem Kaffee auf den Tisch.

»Hey, wird aber auch Zeit«, konterte Philip, ebenfalls mit entrüsteter Stimme. »Hier, nehmen Sie das Geld und dann lassen Sie uns in Ruhe!«

Chuck lachte, griff sich das Geld und zeigte Philip ein ›Daumen hoch‹-Zeichen. Philip genoss das Spiel zwischen den Freunden sichtlich.

»Chuck ist ein netter Kerl. Durch ihn habe ich Highground kennen gelernt. Er ist eine wandelnde Werbetafel für den Erfolg von Highgrounds System, nicht wahr?«

»Chuck hat mit diesem System zu tun?«, fragte Susie mit großen Augen.

»Natürlich«, erwiderte Philip, rührte seinen Kaffee um und nahm einen Schluck. »Schauen Sie sich nur um – all diese Menschen sind Chucks Kunden – und Freunde.«

»Er hat wirklich eine Menge Bekannte und Stammgäste. Sie haben Recht.«

»Und denken Sie an die ›besonderen Angebote‹ des Cafés, die Sie in der Post gefunden haben – Coupons, Rabatte auf andere Dienstleistungen und Ähnliches.«

Susie konnte nicht glauben, dass ihr das nicht schon früher aufgefallen war. »Natürlich, Philip. Mir wird gerade einiges klar. Der Umgang, ja allein schon die Sprache, die Chuck mir gegenüber an den Tag legt: dass sind genau der Umgang und die Sprache, die Sie, Paul, Sheila Marie und Highground mir nahe bringen wollen. Chuck fragt mich immer, ob er mir in irgendeiner Form behilflich sein kann. Und bittet mich, ihn an Freunde oder Familienmitglieder, die gern eine gute Tasse Kaffee trinken, weiterzuempfehlen. Er verwies mich sogar an Herrn Highground! Ich dachte – ja, was habe ich eigentlich gedacht? Ich weiß es nicht, aber Chucks Verhalten ist so natürlich und hilfsbereit. Er ist wirklich an mir als Menschen interessiert. Die Atmosphäre in diesem Café ist so wunderbar, und natürlich werde ich meinen Freunden davon berichten.«

»Genau so läuft es, Susie. Wir geben das ›Gute‹ an diejenigen weiter, die wir mögen und mit denen wir geschäftlich zu tun haben wollen. Alle von uns – Chuck, Paul, Sheila Marie und viele andere – verfügen über ein ganzes Netzwerk an Unternehmen, die wir unseren Kunden liebend gern weiterempfehlen, weil wir wissen, dass sie bei ihnen wirklich gut aufgehoben sind. Sie verstehen jetzt, wie es läuft?«

»Das ganze Konzept steht mir immer klarer vor Augen«, meinte Susie, »ja, ich glaube, ich habe es verstanden.«

»Was uns zurück zu dem Thema bringt, das ich Ihnen heute näher bringen soll – die Einweisung der Mitarbeiter in das System. Jetzt, mit Ihrer geänderten Wahrnehmungsweise, müssen Sie den nächsten Schritt machen und ein wenig von der ›Anpassung des Systems an Ihren Stil‹ in Ihrer Geschäftskorrespondenz durchklingen lassen. Dazu gehören Konzepte wie: ›Sagen Sie es mir einfach‹ und eine Reihe weiterer Dinge, die Ihre neue Philosophie widerspiegeln: Dankeschön-Karten, der Briefkopf auf Ihrem Geschäftspapier, kleine Geschenke oder besondere Informationen, die Sie verteilen oder weitergeben, um Ihren Dank auszudrücken. In allem, was Sie sagen und äußern, in allem, was Sie nach außen geben, muss sich Ihre Geschäftsphilosophie widerspiegeln.«

In diesem Moment bemerkte Susie eine kleine Nadel, die auf Philips Anzugrevers blinkte. »Was eigentlich bedeutet die ›Highground‹-Nadel auf Ihrem Revers?«, fragte sie. »Ich habe so das Gefühl, als ob sie eine sehr wichtige Bedeutung hat.«

»Susie, Sie verstehen wirklich!«, lächelte Philip und tippte auf seine farbenfrohe Reversnadel. »Gefällt Sie Ihnen? Vor einiger Zeit haben sich ein paar der Leute, denen David Michael Highground über die Jahre geholfen hat, zusammengetan und seinem wunderbaren System endlich einen Namen gegeben. Wir nennen es ›Highgrounds Geschäftsprinzipien‹. Highground hielt das zwar für überflüssig, aber wir wollten ihm auf irgendeine Weise unsere Anerkennung zollen. Er ist so selbstlos. Er hilft den Menschen, ohne etwas dafür haben zu wollen, vielleicht ist

Ihnen das auch schon aufgefallen. Er hat auch von Ihnen nichts verlangt, nicht wahr?«

»Nein, das hat er nicht«, meinte Susie nachdenklich.

»Ich musste ihm einfach etwas zurückgeben. Der Nutzen seiner Philosophie und seines wundervollen Konzepts für unser geschäftliches und privates Leben ist enorm. Ich habe daher ein ›Highground‹-Logo entwickelt, die Anstecknadel zeigt es. Das Logo ist einerseits ein äußeres Zeichen für den Wert, den ich einer lebenslangen Beziehung beimesse. Und um andererseits auch andere Menschen auf Highgrounds System aufmerksam zu machen, trage ich diese Nadel. So hoffe ich, Highground etwas von dem zurückzugeben, was er mir gegeben hat. – Aber Sie sollten jetzt besser Ihr Notizbuch aufschlagen, denn ich möchte Ihnen ein paar nützliche Informationen zum 3. Prinzip geben.«

Schwungvoll zog Susie Notizbuch und Bleistift heraus, blätterte flink auf die richtige Seite und wartete. »Ich bin bereit.«

»Gut. Das 3. Prinzip besagt ...«

Susie unterbrach und zitierte: »›Sagen Sie es mir einfach.‹ Erklären Sie Ihren Kunden, wie Sie arbeiten und welchen Wert Sie für die Kunden haben, indem Sie regelmäßig, konsequent und nachhaltig von sich hören lassen.«

»Genau«, bestätigte Philip. Dann wurde er ernst und kam zum eigentlichen Punkt. »Kurz gesagt, meint das Prinzip einfach die Fähigkeit, mit jedem, den man kennt, über seine Geschäftsmethoden zu sprechen und darüber, was man für die anderen tun wird und was man im Gegenzug von ihnen erwartet. Sobald Ihre Datenbank in A, B und C kategorisiert und einsatzbereit ist, haben Sie die halbe Strecke geschafft. Als Nächstes müssen Sie sich einarbeiten und eins mit dem System werden. Wenn Sie Ihr Bild von sich selbst geändert und wirklich damit begonnen

3. Prinzip: ›Sagen Sie es mir einfach.‹ Erklären Sie Ihren Kunden, wie Sie arbeiten und welchen Wert Sie für die Kunden haben, indem Sie regelmäßig, konsequent und nachhaltig von sich hören lassen.

haben, jeden Tag die Sprache, die Highground Ihnen vermittelt, zu benutzen, dann können Sie einen Schritt weiter gehen.« Er machte eine kurze Pause und fuhr dann fort: »Ich habe früher schon einmal den Begriff ›Erlaubnisschein‹ verwendet. Erinnern Sie sich, dass Sie in der Schule einen Erlaubnisschein benötigten, der offiziell bestätigte, dass es Ihnen gestattet war, sich während der Unterrichtszeit in den Räumen aufzuhalten?«

Susie nickte und lächelte.

»Hier ist es ähnlich, nämlich insofern, als dass man überzeugt sein muss, man habe das Recht, jemanden anzurufen und ihn für seine Firma zu werben. Die meisten Geschäftsleute wenden dieses Prinzip nicht konsequent an. Und ganz gewiss zeigen sie nicht nachhaltig genug, dass die Beziehung zwischen ihnen und einem Kunden für sie absolute Priorität genießt. Ich habe beobachtet, dass es so gut wie allen Geschäftsleuten schwer fällt, sowohl Stammkunden als auch Neukunden regelmäßig anzurufen und zu kontaktieren – nicht um zu verkaufen, sondern um eine Beziehung aufzubauen. Warum aber ist das so? Nun, der Grund liegt wohl darin – was nur wenige von ihnen auch zugeben würden –, dass es ihnen unangenehm ist, sich so lange nicht gemeldet zu haben, und sie sich jetzt unbehaglich und unwohl fühlen, wenn man sie auffordert, diese Kunden anzurufen. Sie haben ihren ›Erlaubnisschein‹ verloren. Was aber passiert, wenn diese Geschäftsleute jenen ›Erlaubnisschein‹ aufs Neue erwerben? Ich weiß jetzt: Die Anrufe sind willkommen, wenn man sie regelmäßig und professionell durchführt und die Kunden fragt, wie man ihnen von Nutzen sein kann. Oft sind die Menschen sogar dankbar, wenn man sie auf eine professionell-persönliche Weise anspricht. Das heißt also: Zuerst müssen Sie als Unternehmensinhaberin diesen Erlaubnisschein erwerben, der Ihnen gestattet, Menschen anzurufen und mit ihnen über Geschäfte zu sprechen.«

Susies schrieb eifrig mit. Mit zusammengezogenen Augenbrauen hörte sie genau zu, als Philip auf den nächsten Punkt zu sprechen kam. »Dann müssen Sie auch Ihre Mitarbeiter in das System einbinden. Sie müssen regelmäßig dabei unterstützt werden, das System leben zu können. Und sobald Ihre Mitarbeiter mit im Boot sitzen, ist die Zeit reif, den Kunden, die sich in Ihrer Datenliste befinden, Ihre Arbeitsweise zu erklären.«

Susie schaute hoch. »Meine 250-mal-250-Liste? Die Liste, die ich in die Kategorien A, B und C eingeteilt habe?«

»Genau die. Dabei brauchen Sie nicht abzuwarten, bis alles hundertprozentig perfekt ist. Sie müssen einfach nur einmal anfangen. Zunächst schicken Sie an alle Menschen, die Sie in Ihre ABC-Datenliste aufgenommen haben, *ein Schreiben, das über Ihre neue Unternehmensphilosophie informiert.* Dabei handelt es sich um eine Art ›Bekenntnisschreiben‹, denn Sie bekennen sich hier zu Prinzipien, die Sie in all Ihren Kundenbeziehungen beachten wollen. Das Schreiben drückt aus, wie sehr Sie diejenigen Menschen, die Sie kennen und mit denen Sie in der Vergangenheit geschäftlich zu tun hatten, schätzen. Zugleich teilen Sie ihnen mit, dass Sie ihnen ab jetzt mehr Aufmerksamkeit widmen möchten, als das in der Vergangenheit der Fall war. Ich habe Ihnen ein Musterschreiben mitgebracht, bitte lesen Sie es sich doch einmal durch.« Philip überreichte Susie ein Blatt.

Robert und Carole Rusch
119 Heath Terrace
Rancho Benicia, CA 92117

Liebe Carole, lieber Bob!

Meine Mitarbeiter und ich haben vor kurzem beraten, in welche Richtung sich unser Unternehmen in Zukunft entwickeln soll. Wir sind einhellig zu dem Schluss gekommen, dass unser größtes Vermögen die bis zum heutigen Tag aufgebauten Beziehungen zu unseren Kunden sind – Beziehungen wie die, die wir auch zu Ihnen aufbauen durften.

Gleichzeitig muss ich gestehen, dass wir in der persönlichen Kommunikation mit unseren Kunden nicht das Engagement gezeigt haben, das wünschenswert gewesen wäre, und ich möchte Ihnen daher mitteilen, dass wir das ab jetzt ändern und nun mit Ihnen häufiger kommunizieren werden. Ob wir Sie nun durch sachlich gehaltene Informationsschreiben über Neuigkeiten in unserem Unternehmen auf dem Laufenden halten oder ob wir Ihnen ein persönliches Schreiben übermitteln und Sie anschließend anrufen: Bitte betrachten Sie unsere Bemühungen als spürbaren Beweis dafür, dass für uns unsere Beziehung zu Ihnen das Wichtigste in unserem Unternehmen ist.

Wir werden uns demnächst persönlich mit Ihnen in Verbindung setzen. Sollten Sie in der Zwischenzeit Fragen haben oder sollten wir Ihnen auf irgendeine Weise behilflich sein können, dann rufen Sie uns gern jederzeit an!

Mit herzlichen Grüßen

Philip Stackhouse

Susie behandelte das Schreiben, als wäre es eine seltene Kostbarkeit. »Sheila Marie hat erwähnt, dass es ein solches Schreiben gibt«, meinte sie. »Es ist perfekt.« Sie studierte den Brief genau und dachte intensiv darüber nach, wie sie selbst es anwenden könnte. Als sie sich vorstellte, welche Möglichkeiten darin steckten, kam ihr plötzlich ein wichtiger Gedanke: »Was ist, wenn ich Menschen anspreche, die ich noch nicht kenne?«

»Das Konzept geht immer noch auf, und ich sage Ihnen auch, warum«, erwiderte Philip. »Wenn Ihnen erst einmal die neuen Geschäftsmethoden und das System der Beziehungen in Fleisch und Blut übergegangen sind, wird es Ihnen eine Freude sein, auch fremde Menschen anzusprechen. Und später, wenn Sie sich bei denen melden, die Sie neu kennen gelernt haben – zuerst natürlich mit einem kurzen persönlichen Schreiben gleich nach Ihrem ersten Treffen und danach über Ihr Kommunikationsprogramm –, dann werden Ihnen diese Menschen ansehen, dass Sie ihnen helfen können, erfolgreich zu sein. Es ist dann, als ob Sie ein ›V‹ auf der Stirn tragen würden, ein Zeichen. Nur dass dieses ›V‹ nicht für ›Versager‹ steht, sondern für ›Vertrauen‹.«

Susie lachte. »Na, Gott sei Dank!«

»Beständigkeit ist das Schlüsselwort, und die Menschen auf Ihrer Datenliste werden – genau wie Ihre Familie – wissen, ob Sie es ehrlich meinen oder nicht. Und weil Sie es ehrlich meinen, vertrauen sie Ihnen. Wenn die Menschen sehen, dass Sie handeln, wie Sie reden, werden Sie Ihnen glauben. Susie, Ihr Telefon wird andauernd klingeln, und am anderen Ende werden Menschen sein, denen Sie von Kunden Ihrer Datenliste empfohlen wurden. Und warum? Weil Ihre Geschäftsprinzipien darauf ausgerichtet sind, dass Ihre Kundenbeziehungen zu Weiterempfehlungen führen.«

Etwas belastete Susie noch. Sie beschloss, Philip offen zu fragen: »Wie gehen Sie mit Menschen um, die Ihnen eine Absage erteilen, Philip? Ich muss gestehen: Ich habe immer noch Angst davor, auf Zurückweisung zu stoßen.«

Philip lächelte. »Ich sage Ihnen gleich, was Sie da tun können. Sobald Sie dieses auf aktive Weiterempfehlung gestützte Konzept beherrschen, wissen Sie auch, wie Sie dieser Angst vor Zurückweisung begegnen können. Sie werden dann in der Lage sein, ein ›Nein‹ zu akzeptieren, und lernen, es später möglicherweise sogar, wenn Sie es möchten, in ein ›Ja‹ umzuwandeln, und zwar ohne Ihre Selbstachtung einzubüßen. Wissen Sie was – lassen Sie uns schauspielern«, schlug Philip vor. »Sagen wir, ich habe Sie gerade kennen gelernt. Nehmen wir an, ich habe die Erlaubnis, mit Ihnen zu kommunizieren, und habe das regelmäßig getan. Nun will ich Sie wieder einmal anrufen, und ich habe ein gutes Gefühl dabei.« Er tat so, als würde er einen Telefonhörer aufnehmen.

Susie überlegte, ob sie sich Notizen machen sollte. Sie griff nach ihrem Bleistift.

Philip fing an, in sein imaginäres Telefon zu sprechen. »Hallo, Susie. Hier spricht Philip Stackhouse. Passt es Ihnen gerade?« Philip legte eine Hand auf sein unsichtbares Telefon und flüsterte Susie wie ein Souffleur zu: »Normalerweise würden Sie nicht zugeben, dass es Ihnen nicht passt, es sei denn, Sie haben wirklich viel zu tun.«

Susie spielte mit und antwortete in ihren imaginären Bleistifttelefonhörer: »Ja, ja, es passt mir.«

»Wunderbar. Susie, *wenn es Ihnen recht ist, würde ich Ihnen gern kurz etwas* über die finanziellen Gewinne erzählen, die ich für andere in der Gemeinde trotz der neuesten Steuergesetzänderungen erzielen konnte. Wenn Ihnen gefällt, was Sie von mir hören, könnte ich Ihnen Genaueres dazu sagen. Wenn nicht, dann beenden wir unser Gespräch. Sind Sie damit einverstanden?«

Philip legte seinen imaginären Hörer ab. »Glauben Sie nicht auch, dass Sie mit einem Ja antworten würden, wenn ich regelmäßig mit Ihnen in Verbindung gestanden und mich auf Ihre Bedürfnisse statt meine eigenen konzentriert hätte?«

Susie nickte. »Ganz sicherlich.«

»Und Sie lägen richtig. Okay, stellen wir uns jetzt aber vor, Sie sagten, aus welchem Grund auch immer, ›Nein‹ zu meiner Bitte. Was dann?« Er machte eine Pause. »Hier liegt der große Unterschied – ich handle nach festen Prinzipien, die mir Sicherheit geben und mir verschiedene Handlungsmöglichkeiten eröffnen. Weil ich unsere Beziehung immer gepflegt und Sie regelmäßig kontaktiert habe, habe ich jetzt die Souveränität, auch bei einer Zurückweisung meines Anliegens angemessen zu reagieren. Ich muss weder Sie noch die respektvolle und gleichzeitig geschäftliche Beziehung, die wir aufgebaut haben, überfordern. Also: Sie haben jetzt ›Nein‹ zu mir gesagt und ich reagiere so.«

Philip nahm wieder seinen imaginären Telefonhörer auf und sprach hinein. »Nein, Susie? Kein Problem, ich verstehe Sie. Die Beziehungen, die ich in dieser Gemeinde aufbaue, sind ganz bestimmt wichtiger als der Wunsch, meine Produkte zu verkaufen. Ich freue mich wirklich über die Erfolge, die ich für meine Kunden erziele. Aber es liegt sicher an Ihnen zu beurteilen, ob jetzt der richtige Zeitpunkt für Sie ist zu überlegen, ob auch Sie davon profitieren möchten. Wenn es Ihnen recht ist, bleibe ich mit Ihnen in Verbindung. Ich rufe Sie in sechs Monaten noch einmal an. Wäre das in Ordnung?«

Susie nickte und sprach wieder in ihr Bleistifttelefon: »Ja, das wäre in Ordnung, Philip. Trotzdem vielen Dank. Bis dann.«

»Sehen Sie?«, sagte Philip. »Weil ich mit einem System arbeite, das auf dem Aufbau persönlicher Beziehungen basiert – zwar auf beruflicher Ebene, aber trotzdem persönlich –, kann ich mich auch bei einer ablehnenden Antwort zurückziehen, ohne meine Selbstachtung zu verlieren. Es ist wie ein Gespräch unter guten Freunden, deren Beziehung so gefestigt ist, dass sie auch Belastungen aushält. Und ich kann dafür sorgen, dass ich trotzdem auch weiterhin die Erlaubnis erhalte, die Beziehung weiterzuführen.«

»Oh«, rief Susie aus, »wenn ich das so locker formulieren könnte, wie Sie es gerade getan haben, dann würde mein Geschäft abheben!«

»Keine Sorge, Susie. Sie werden abheben, weil Sie ein System hinter sich haben. Und Sie werden die Prinzipien dieses Systems leben, *indem Sie die goldene Regel anwenden.* Sie werden andere so behandeln, wie Sie möchten, dass andere Sie behandeln.« Philip machte eine Pause, um seinen Worten Nachdruck zu verleihen.

»Denken Sie immer daran: Wenn Sie dieses Konzept einsetzen, dann müssen Sie überzeugt sein, dass es Erfolg bringt, und das setzt voraus, dass Sie es leben.«

Susie runzelte die Stirn. »Das verstehe ich noch nicht ganz.«

»Es kommt darauf an, dass Sie die Vorteile Ihres neu gewonnenen ›Erlaubnisscheins‹ nutzen und die Menschen anrufen. Sie müssen Initiative zeigen und Sie müssen sich um Aufträge bemühen. Sie müssen das Konzept, wo immer möglich, einsetzen und fortentwickeln. Wenn Sie das tun und den aktiven Beziehungsaufbau zu Ihrem obersten Geschäftsprinzip machen – durch konsequent regelmäßige Kommunikation –, steigt Ihr Selbstwertgefühl und Sie gehen zuversichtlich an die Aufgabe, sich um Aufträge und Empfehlungen zu bemühen. Ihre Kunden werden es geradezu erwarten.«

Philip lehnte sich zurück und entspannte sich. Susie dagegen schrieb fieberhaft in ihr Notizbuch.

»Ich wette, die genauen Einzelheiten, wie das 4. Prinzip anzuwenden ist, werden Sie heute Nachmittag erfahren.«

»Das ist richtig. Ich treffe eine Sara Simpson.«

»Sara ist ein Energiebündel. Bereiten Sie sich darauf vor, überrannt zu werden. Sie macht Ihnen das ›Bleiben Sie in Kontakt‹-Programm in Minutenschnelle klar.«

»Bleiben Sie in Kontakt …«

»Genau«, sagte Philip, »aber das soll sie Ihnen erzählen. Es wird Ihnen mehr als gefallen.«

Susie legte ihren Bleistift-Hörer auf den Tisch. In diesem Moment betrat Highground das Café. Philip und Susie schauten sich erstaunt an: War es schon wirklich 11 Uhr?

»Wie geht es meiner Meisterschülerin?«, fragte Highground.

»Sie wird phänomenalen Erfolg haben«, meinte Philip und stand auf.

»Haben Sie noch einen Termin?«, fragte Susie Philip.

»Ja, aber nicht weit von hier«, erwiderte er und zeigte auf einen Tisch ganz in der Nähe.

Verwirrt schaute Susie Highground an. Der sagte: »Susie, ich setze mich jetzt zu Ihnen. Philip dagegen hat noch einen Termin mit einem Paar, das ihn in wenigen Minuten hier treffen will. Er wird sich direkt neben uns setzen. Auf diese Weise können wir zuhören, wie er seinen Kunden sein System erklärt, ohne dass sich das Paar bedrängt fühlt und glaubt, Philip wolle ihnen etwas verkaufen, was es gar nicht haben möchte.«

»Eine hervorragende Idee. Ich liebe es, einen Meister in Aktion zu sehen.«

Das entlockte Philip ein Grinsen. »Ich arbeite mit diesem Herrn und seiner Frau noch nicht allzu lange zusammen und habe die zwei gebeten, einen Kaffee mit mir zu trinken, damit ich ihnen einiges erklären kann. Dieses Gespräch wird also wirklich nützlich für Sie sein, Susie.« In diesem Moment sah er das Paar zur Tür hereinkommen, auf die Minute pünktlich. Er ging ihnen entgegen, um sie zu begrüßen.

Die nächste Stunde hörte Susie sehr genau und erstaunt zu, wie Philip dem Paar all das, was er ihr morgens schon erklärt hatte, verdeutlichte. Sie wünschte, sie hätte einen Kassettenrekorder dabeigehabt.

Während Philip und das Paar auf den bestellten Kaffee warteten, sprachen sie ein paar Minuten lang über den Finanzplan, den Philip ausgearbeitet hatte. Dann fragte die Frau, zu Susies Überraschung und Freude, was es mit der Highground-Nadel, die Philip trug, auf sich habe. Jetzt hatte Philip den perfekten Einstieg für das, was er zu sagen hatte. Er beschrieb seine Philosophie der lebenslangen Wertschätzung einer Kundenbeziehung und legte dem Paar dann ein Adressbuch vor, das sein

Firmenlogo und die Aufschrift »Freunde und Partner« trug. Susie lehnte sich bei ihrem Versuch, das Adressbuch genauer zu betrachten, so weit zu dem Tisch hinüber, dass das Paar sie befremdet ansah. Schnell tat sie so, als müsse sie husten, und rückte ungeschickt ihren Stuhl zur Seite. Highground amüsierte sich köstlich, er konnte ein Lachen kaum unterdrücken. Auf jeden Fall gelang es ihm nicht, seine Freude über ihren Eifer zu verbergen.

»Was für ein Adressbuch ist das?«, flüsterte sie Highground zu. »Eine tolle Idee!«

»Auch Sie können eines zusammenstellen. Sie sollten es sogar tun. Es enthält die Adressen aller Geschäfte und Lokale, die Philip ausprobiert und für gut befunden hat: Reinigungen, Lebensmittelläden, Restaurants. Es sind Geschäfte, die Philip ohne Bedenken empfehlen kann. Philip hatte eine tolle Idee und hat sein Notizbuch drucken lassen, um es verschenken zu können. Er fing mit einer einfachen Namenliste an, die er auf Papier mit seinem Briefkopf ausgedruckt hat. Jetzt hat er daraus ein kleines Büchlein gemacht. Hören Sie, was er dazu sagt.«

»Ich habe hier eine genaue Auflistung aller Unternehmen und Dienstleister in der Gemeinde, die ich persönlich empfehlen kann«, sagte Philip gerade.

Susie fragte sich, ob Chucks California Coffee Café & Bistro, Sheila Marie Deveroux' Makleragentur und Pauls Autovertretung wohl auch darin auftauchten. *Dumme Frage, natürlich stehen ihre Adressen in dem Notizbuch,* dachte sie.

In diesem Moment begann Philip, seine Geschäftsphilosophie zu erklären: die enorme Bedeutung des Beziehungsaufbaus, sein Leben und Arbeiten nach der goldenen Regel. Als er sagte, er würde weder Zeit noch Geld für Werbung aufwenden, sondern seine Energien darauf konzentrieren, seinen Kunden von Nutzen zu sein, indem er regelmäßig wertvolle Informationen an sie weitergäbe, machte sie sich eifrig Notizen.

Sie schrieb so schnell sie konnte und versuchte dabei, sich den genauen Wortlaut zu merken, besonders als Philip dem Paar sagte, sollten seine Mitarbeiter irgendwie behilflich sein können, »sagen Sie es uns einfach«.

»Sie wissen, dass ich es auch so meine«, sagte Philip gerade. »Obwohl wir uns noch nicht so lange kennen, durfte ich es Ihnen schon des Öfteren beweisen. Ich möchte Sie nur noch um einen Gefallen bitten: Wenn einer Ihrer Freunde oder Kollegen zufällig Interesse an meinen Dienstleistungen hat, denken Sie an mich. Sie können den gleichen Service erwarten, den auch Sie bekommen haben. Das gehört zu meinen Geschäftsprinzipien.«

Susie gab auf. Sie konnte nicht so schnell mitschreiben, und das hier wollte sie auf keinen Fall verpassen. Sie hörte einfach nur zu.

Philip neigte sich dem Paar vertrauensvoll zu und sagte: »Sie kamen auf Empfehlung eines gemeinsamen guten Freundes zu mir, erinnern Sie sich?«

Das Paar nickte.

»Sie wissen, dass ich alles tun werde, um das Vertrauen, das uns zusammengebracht hat, zu rechtfertigen. *Kennen Sie zufällig jemanden, der Bedarf an meinen Dienstleistungen hätte?*«

»Wir kennen sicherlich jemanden. Eigentlich könnten unsere Freunde, die Johnsons, Ihre Hilfe gebrauchen. Wir haben Ihren Namen sogar schon erwähnt, neulich bei einem gemeinsamen Abendessen. Wir rufen sie heute Abend gleich an. Warten Sie, wir geben Ihnen auch die Telefonnummer der Johnsons.«

Susie konnte es nicht glauben. Sie gaben Philip eine Empfehlung, genau wie er es vorausgesagt hatte! Dadurch, dass er sein System lebte und einsetzte, hatte er zwei vehemente Fürsprecher gewonnen, die ihn und seine Dienstleistungen aktiv weiterempfahlen!

Highground gab Susie ein Zeichen, ihm zu folgen. Sie verließen das Café und spazierten zum Kai nahe bei dem Restaurant, in dem sie tags zuvor zu Mittag gegessen hatten.

Highground ging auf die Bank zu, auf der Susie angefangen hatte, ihre 250-mal-250-Liste aufzuschreiben. *So viel ist seitdem passiert, es ist, als sei alles schon viel länger her,* dachte Susie plötzlich.

»Susie, ich möchte Sie bitten, sich noch einmal etwa 20 Minuten Zeit zu nehmen und sich mit Ihren Zielen zu beschäftigen. Nun geht es um das 3. Ziel. Wissen Sie noch, wie Sie vorgegangen sind? Hier ist eine neue Kassette für Sie. Denken Sie sich acht Wochen in die Zukunft, vom heutigen Tag an gerechnet. Ich hole Ihnen einen Salat und lasse Sie eine Zeit lang allein.«

Der morgendliche Nebel war einer strahlenden Mittagssonne gewichen, die das Blau des Ozeans zum Funkeln brachte. Es war diese fantastische Aussicht, die Susie bewogen hatte, hierher zu ziehen. Sie setzte sich, zog ihr Notizbuch heraus, blätterte zu dem Arbeitsblatt, das für das 3. Ziel vorgesehen war, und begann zu schreiben:

3. ZIEL
_____

ZIEL: HIGHGROUNDS SYSTEM MEINEN EIGENEN STEMPEL AUFDRÜCKEN UND ES MEINEN BEDÜRFNISSEN ANPASSEN. DAS KONZEPT LEBEN UND, WO IMMER MÖGLICH, EINSETZEN.

ZIELTERMIN: Acht Wochen ab heute.

HEUTE IST DER 15. AUGUST UND ICH HABE: alle Vorbereitungen getroffen, das System einzusetzen. Meine Visitenkarten, mein Bürozubehör, meine Faxvorlagen, meine Broschüren: Alles zeigt ein einheitliches Erscheinungs-bild und spiegelt Highgrounds Philosophie und Konzept wider. Da ich hart daran gearbeitet habe, dieses System auf meinen Stil abzustimmen, habe ich nun keine Beden-ken, den Menschen zu erzählen, dass ich hauptsächlich auf der Basis von Empfehlungen arbeite. Ich habe den tat-sächlichen und spürbaren Beweis dafür in allem, was um mich herum geschieht. Jeden Tag erkläre ich Menschen, wie ich ihnen helfen kann und wie sie mir helfen kön-nen. Ein Geben und Nehmen, bei dem jeder nur gewinnt.

ICH HABE SCHON ERFAHREN: andauernde positive Reso-nanz seitens meiner Kunden und von allen, mit denen ich in Kontakt komme. Ich bin erstaunt, wie viele Menschen wissen möchten, wie ich dies alles zustande gebracht habe, denn bei vielen von ihnen hatte ich bisher den Ein-druck, sie hätten ihr Geschäft fest im Griff.

ICH FÜHLE MICH: immer mehr wie die Person, die ich wirklich bin. Zum ersten Mal in meinem Leben habe ich das Gefühl, authentisch und ich selbst zu sein, weil ich jetzt die Freiheit oder die ›Erlaubnis‹ habe, ich selbst zu sein. Ich liebe meine Produkte und was sie für andere bewirken, und ich bin zuversichtlich, dass ich anderen Menschen mit meinen Produkten und meinen Fähigkei-ten nutzen kann.

ICH FREUE MICH DARAUF: anderen dabei behilflich zu sein, Nutzen aus den Produkten, die ich anbiete, zu ziehen und neue Beziehungen aufzubauen und sie zu pflegen.

Und ich freue mich darauf, Highgrounds Philosophie und Konzept an diese Menschen weiterzugeben.

MEINE PARTNER UND KOLLEGEN SIND: beeindruckt davon, wie ich mein neues System meinen geschäftlichen Gegebenheiten angepasst habe. Viele haben mich gebeten, den Leuten, mit denen sie zusammenarbeiten, von meinen Erfahrungen zu berichten.

ICH BIN ENTSCHLOSSEN: jedem deutlich zu zeigen, dass ich nach den Grundsätzen lebe, die ich vertrete.

Die Zeit war nur so verflogen, und plötzlich tippte Highground Susie schon auf die Schulter. Er setzte sich neben sie, um sich das Geschriebene durchzulesen. Als er fertig war, sagte er kein Wort, sondern schenkte ihr stattdessen ein anerkennendes Lächeln, stand auf und bedeutete ihr, ihm zu folgen.

Sie schob ihr Notizbuch eilig in ihre Tasche zurück, stand auf und lief schnell hinter ihm her.

»Bereit für das 4. Prinzip?«, fragte Highground und kannte Susies Antwort schon.

KAPITEL 6

Ein System, das für Sie arbeitet

Highground und Susie ließen den Ozean hinter sich, gingen die Straße ein paar Häuserblöcke weiter hinauf und begaben sich in das Stadtzentrum von Rancho Benicia.

Unterwegs sagte Highground zu Susie: »Nun sind Sie auf der Zielgeraden, Susie. Ihre Einsichten und Ziele, die Sie gerade aufgeschrieben haben, zeigen, dass Sie über eine bewundernswert rasche Auffassungsgabe verfügen. Bevor wir uns das letzte Prinzip vornehmen, frage ich Sie: Möchten Sie noch irgendetwas mit mir besprechen?«

Susie zögerte, weil sie sich nicht ganz sicher war, ob sie Highground ihre Befürchtungen mitteilen wollte. Er war so etwas wie ein Mentor für sie geworden und sie wollte ihn nicht enttäuschen. Aber er hatte gefragt, also entschloss sie sich, ihm gegenüber offen zu sein.

»Herr Highground, Sie haben offensichtlich vielen Menschen geholfen und Ihr Konzept erklärt, und alles, was Sie sagen, erscheint logisch. Aber ich glaube, mein größtes Problem oder meine größte Sorge ist, dass ich noch einmal versagen könnte. Eigentlich weiß ich, dass ich mir unnötig Gedanken mache, trotzdem bin ich unsicher, ob das Konzept wirklich das Richtige für mich ist.«

»Ich weiß Ihre Offenheit zu schätzen, Susie. Sie müssen ehrlich zu mir und zu sich selbst sein. Aber glauben Sie mir – es wird richtig für Sie sein, solange Sie meinem Konzept Ihr Vertrauen schenken. Deswegen sind die drei Fragen, die ich Ihnen bei unserer ersten Begegnung stellte, so wichtig. Erinnern Sie sich?«

Sie nickte. »Mag ich mich selbst, bin ich von meinem Produkt überzeugt und kann ich den Kurs halten?«

»Richtig. Sie vertrauen sich nun selbst, Sie glauben ganz bestimmt an die Produkte Ihrer Firma und ich denke, nach dem nächsten Treffen schließt sich der Kreis für Sie. Denn Sie werden erfahren, wie Sie ›den Kurs halten‹ und ›dem System vertrauen‹«, sagte er und blieb stehen. »Sind Sie bereit für die Begegnung mit der dynamischen Sara Simpson, der Direktorin von Simpson Systems?«

Susie blickte sich um und ihr Blick fiel auf ein riesiges renoviertes Gebäude, über deren großer, künstlerisch gestalteter Metalltür ein prunkvolles Schild mit der Aufschrift »Simpson Systems« hing. Susie zog skeptisch die Augenbrauen hoch. Aber dann nickte sie.

Highground öffnete ihr die Tür. »Denken Sie daran, Sara ist der geschäftsmäßig-geschäftsmäßige Typ. Sie hat trotzdem hehre Prinzipien, denn sonst könnte sie unser System nicht so erfolgreich einsetzen. Aber sie ist die Tochter eines der ersten Großindustriellen dieser Gegend, und das betrachtet sie als Verpflichtung. Sie möchte dem Ruf ihres Vaters gerecht werden und strebt nach Anerkennung und Respekt. Sie beweist jedoch auch, dass mein Konzept für alle Menschen geeignet ist, sobald diese erkannt haben, welcher Typ sie sind, und es verstehen, das Konzept auf ihre Bedürfnisse anzupassen. Wir sind da.«

Sie betraten den elegant eingerichteten Empfangsbereich. In einen stilisierten Globus, der von der Decke herabhing, war das Simpson-Systems-Logo geschickt eingearbeitet. Highground machte keine Anstalten stehen zu bleiben. Er ging direkt auf den Fahrstuhl zu, trat hinein und drückte auf den Knopf für das oberste Geschoss.

Innerhalb von Sekunden befanden sie sich in der Vorstandsetage. Sie gingen auf zwei Sekretärinnen zu, die Highground zu kennen schienen, und wurden wortlos in ein Büro geführt, das mit seiner Aussicht über die Baha-Mier-Klippen einen atemberaubenden Blick auf den Hafen von Rancho Benicia bot.

Dieser Raum war die Schaltzentrale der Firma, in der Sara Simpson residierte. Highground und Susie waren noch keine Minute da, als Sara zielstrebig in das Büro stürmte – mit klappernden Absätzen und gekleidet in ein teures, maßgeschneidertes Kostüm. Sie strahlte das Selbstvertrauen einer Vorstandsvorsitzenden aus der Fortune-500-Liste aus. Als sie Highground erblickte, meinte sie: »David Michael Highground, wo waren Sie? Sie tauchen zu den seltsamsten Zeiten ab und wieder auf. Ich habe gerade mit Chuck über Sie gesprochen. Ah, das muss Susan McCumber sein, die Dame, über die Sie sich so lobend geäußert haben. Wie nett Sie kennen zu lernen, Susan.« Sie streckte ihre Hand aus.

Einen Moment lang überlegte Susie, ob sie es dabei belassen sollte, dass diese erfolgreiche Geschäftsfrau die formellere Anrede »Susan« wählte. Aber dann dachte sie daran, dass sie sich so mochte, wie sie war. Sie nahm Saras Hand und drückte sie fest. »Ich freue mich ebenfalls. Und bitte nennen Sie mich Susie.«

Dann kam Sara, ganz geschäftsmäßig, gleich zur Sache. Sie führte beide an das Ende des prächtigen, ovalen Tisches, bedeutete ihnen, sich zu setzen, und richtete ihre Aufmerksamkeit auf Susie.

»Susie, David hat mir ausführlich von Ihnen erzählt. In den nächsten zweieinhalb Stunden möchte ich Ihnen einen genauen

Einblick in unser ›Bleibe in Kontakt‹-Programm geben – wie wir es einsetzen, die Ergebnisse, die wir damit erzielen, und wie Sie es auf Ihre Bedürfnisse anpassen können. Bevor ich beginne, würde ich Ihnen gern eine Vorstellung vermitteln, wo ich stand, bevor ich dieses Programm einführte.«

Damit war die Tagesordnung festgelegt und Susie begriff jetzt genau, was unter einer geschäftsmäßig-geschäftsmäßigen Person zu verstehen war.

»Das klingt plausibel, Sara«, meinte Susie mit all der ›geschäftsmäßigen‹ Begeisterung, die ihr zur Verfügung stand. Sie war sehr interessiert daran, zu erfahren, wie jemand, der so geschäftsmäßig auftrat, überhaupt in der Lage sein konnte, persönliche Beziehungen aufzubauen. Es sah ganz so aus, als würde sie das bald herausfinden.

»Ich habe diese Firma im Alter von 23 Jahren übernommen«, sagte Sara in ihrer kurzen, abgehackten Sprechweise und lehnte sich in ihrem schwarzen Ledersessel zurück, »nach dem Tode meines Vaters. Ich hatte eine Reihe von Gründen, die mich antrieben – den schmerzlichen Verlust, den ich spürte, der Wunsch, erfolgreich zu sein, das Bedürfnis, meiner Mutter auszuhelfen. Aber vor allem wollte ich der Welt beweisen, dass Sam Simpsons Tochter in der Lage war, auf eigenen Füßen zu stehen. Mein Arbeitstag umfasste 36 Stunden, ich ging ganz in der Leitung der Firma auf. Ich war geradezu besessen. Ich trieb meine Angestellten zu Höchstleistungen an, oft mussten sie an ihre Grenzen gehen. Ich beurteilte Kunden nur danach, in welchem Umfang der Kontakt zu ihnen zum Geschäftserfolg beitrug. Wenn sie nicht den Umsatz einbrachten, den ich erwartete, dann hörten sie nichts mehr von mir. Mein Verkaufspersonal war das höchstbezahlte in der gesamten Branche, aber ich setzte alle so unter Druck, dass viele daran zerbrachen. Oh ja, mein Auftragsvolumen nahm stetig zu, die Branche bewunderte mich und applaudierte mir, was mich nur noch mehr bestärkte. Trotz des steigenden Umsatzes waren die Gewinnspannen gering, denn mein Geschäftsgebaren führte dazu, dass die Kundenbindung sehr gering war. Wir hatten die Kunden, die ich verdiente: Gelegenheitskäufer ohne Bindung an die Firma. Wenn ein Konkurrenzunternehmen billiger war als wir, gingen sie dorthin.«

Sie warf einen Blick auf Highground. »Vor fünf Jahren stand ich am beruflichen Scheideweg – oder ›auf der Leiter‹. Zu diesem Zeitpunkt lernte ich Highground kennen. Der beste Freund meines Vaters, Paul Fuzak, hatte mich an ihn verwiesen. Paul Fuzak war aus New York angereist, um uns zu besuchen. Er hatte meinen Vater seit der Kindheit gekannt und ihn wie einen Bruder geliebt. Weil er meinem Vater so nahe gestanden hatte und ich ihn so sehr an Papa erinnerte, wollte Paul vor allem sehen, wie es mir ging. Er hat mir einige wirklich persönliche Dinge über meinen Vater erzählt und mir deutlich gemacht, wer er wirklich war – in beruflicher und privater Hinsicht.«

Sie machte eine kleine Pause, schlug ihre Beine übereinander und glättete mit einer Hand ihren Rock. »Sehen Sie, mir wurde klar, warum mir so viele Menschen geholfen hatten, als ich die Leitung der Firma übernahm. Es war der gute Name, den mein Vater sich erworben hatte. Sie halfen mir, weil sie meinen Vater geachtet und geliebt hatten.

Obwohl er ein genauso harter Geschäftsmann war wie jede andere erfolgreiche Person in der Branche, ließ er alles stehen und liegen, wenn es darum ging, anderen Menschen, besonders anderen Geschäftsleuten, zu helfen, wenn sie zum Beispiel in einer Krise waren. Highground hatte meinem Vater vor langer Zeit, als ich noch klein war, zur Seite gestanden, und der Freund meines Vaters meinte, ich solle mich mit Highground treffen.

Mein Leben wie auch meine Firma – natürlich, sie war mein Leben – änderten sich durch die Begegnung mit Highground dramatisch. Deswegen konnte ich es kaum abwarten, mich für das zu revanchieren, was David mir gegeben hat. Als er mich anrief und fragte, ob ich ein paar Stunden Zeit für Sie erübrigen könnte, habe ich daher sofort zugesagt.«

»Vielen Dank für die Hintergrundinformation, Sara«, sagte Susie und meinte es auch so. »Es ist sehr nett von Ihnen, dass Sie mir helfen wollen.«

Sara richtete sich auf und lehnte sich über den Tisch. »Gut, Susie, kommen wir zum Thema. Sie haben verstanden, wie wichtig es ist, eine lebenslange Beziehung zum Kunden aufzubauen und den Beziehungsaufbau an die erste Stelle zu setzen. Sie kennen die Macht der 250-mal-250-Regel und wissen, wie Sie eine Datenbank aufbauen und sie in die Kategorien A, B und C einteilen. Sie haben erfahren, wie Sie Ihren Mitarbeitern und Ihren Kunden und Partnern das Konzept erläutern und sie in das System einweisen und wie Sie es schaffen, Ihrem gesamten Außenauftritt ein einheitliches Bild zu geben. Oder, anders ausgedrückt, wie Sie die goldene Regel im Geschäftsleben anwenden. Sprechen wir jetzt über den Teil des Konzepts, der Sie in den dauerhaften Besitz des ›Scheins‹ bringt, der es Ihnen erlaubt, jeden, dem Sie begegnen, anzurufen und ihn ohne Scheu fragen zu dürfen, ob und wie Sie ihm behilflich sein können. Um dabei dann auch über alte und neue Geschäftsmöglichkeiten diskutieren zu können. Damit beschäftigt sich das 4. Prinzip«, fuhr Sara fort, »nämlich: ›Bleiben Sie in Kontakt, ständig, persönlich und systematisch‹.«

Susie beeilte sich, ihr Notizbuch aufzuschlagen.

»Gut«, meinte Sara und lächelte beim Anblick des Notizbuches. »Ich erinnere mich an das Notizbuch. Es enthält bestimmt

4. Prinzip: Bleiben Sie in Kontakt, ständig, persönlich und systematisch.

Ihren Aktionsplan und Ihre Ziele. Vergessen Sie nie: ›In Kontakt bleiben‹ heißt wirklich jeden Monat mit Ihren Kunden und Ihrem Umfeld kommunizieren und dabei Ihren persönlichen Stil anwenden. In der Sprache unserer ABC-Liste bedeutet das, dass jeder auf Ihrer Liste jeden Monat auf irgendeine Weise von Ihnen hört. Ihre *A* hören von Ihnen jeden Monat persönlich. Alle erhalten einen spürbaren Beleg dafür, dass für Sie die Beziehung zu ihnen am wichtigsten ist und dass Sie sie wertschätzen.« Sara lachte. »Dieser Beleg ist wie ein Beweismittel, mit dem Sie vor Gericht nachweisen können, dass Ihnen an der Beziehung tatsächlich gelegen ist.«

Sie hielt plötzlich gedankenvoll inne. »Wissen Sie, dieses Konzept ist schlagkräftiger als jede gezielte Marketingkampagne.

Denn es erlaubt Ihnen, sogar zu Personen, die Sie längere Zeit nicht angesprochen haben, eine dauerhafte Kundenbeziehung aufzubauen. Auch wenn Sie Ihre B und C nicht so oft kontaktieren wie Ihre A: diese haben trotzdem das Gefühl, Sie würden jede zweite Woche mit ihnen sprechen, weil Sie regelmäßig, beständig und vor allem persönlich mit ihnen in Kontakt bleiben. Es ist fantastisch.«

»Heute Morgen habe ich das Prinzip ›Sagen Sie es mir einfach‹ kennen gelernt«, warf Susie ein.

»Wunderbar. Das ist genauso ehrlich gemeint, wie es klingt. Wenn Sie in dieser Hinsicht Konsequenz zeigen, werden Sie sich nie unwohl fühlen, wenn Sie zu jemandem sagen: ›Sagen Sie mir einfach, wie ich Ihnen auf irgendeine Weise behilflich sein kann. Falls Sie Freunde oder Kollegen haben, die an meinen Dienstleistungen interessiert sein könnten, dann geben Sie mir bitte ihre Namen. Ich verspreche Ihnen, sie werden von mir so behandelt, wie ich Sie behandle.‹ Natürlich«, fügte sie hinzu, »kann es zunächst recht eigennützig erscheinen, wenn Sie längere Zeit nichts von sich haben hören lassen und jetzt plötzlich wieder einmal anrufen. Wie ein Kunde dies empfindet, ist abhängig davon, wie Sie ihn bei Ihrem letzten Anruf behandelt haben. Und hier gebe ich Ihnen einen wichtigen Hinweis: Lassen Sie Ihrem Kunden eine kleine Aufmerksamkeit zukommen, einen sichtbaren Beleg für Ihr Interesse an dem Kunden. Wenn Sie das regelmäßig tun, werden Sie die Beziehung festigen. Der Kunde behält Sie in bester Erinnerung und Ihr Anruf wird immer willkommen sein. Und das Beste ist, dass die Menschen Ihnen die Namen ihrer Freunde nennen werden. Und weshalb? Weil sie Ihnen vertrauen. Dieses Konzept hilft selbst einer harten Geschäftsfrau wie mir, persönliche gefärbte Beziehungen aufzubauen. Obwohl dies eigentlich nicht in meiner Natur liegt.«

»Das ist eine ziemlich ehrliche Aussage«, meinte Susie.

Sara fuhr fort: »Aber wissen Sie was? Am Ende ist es nicht nur gut für mich selbst, sondern das Konzept hat vor allem der Firma und allen Mitarbeitern weitergeholfen, weil wir nicht für jeden Neukunden sozusagen das Rad neu erfinden mussten. Unsere A-Kunden haben sich zu unseren stärksten Werbeträgern entwickelt. Wenn sie der Welt von uns berichten – im übertragenen Sinn –, ist das wie eine kostenlose Besprechung eines Restaurants in der Rubrik Kunst und Freizeit in der New York Times. Ihre Weiterempfehlungen ersparen uns eine teure Anzeige in einer Zeitung. Ist das nachvollziehbar?«

»Ganz sicher, aber ich habe noch ein paar Fragen«, sagte Susie, nachdem sie kurz die Notizen ihrer Begegnung mit Philip durchgegangen war. »Was genau soll ich den Kunden in meiner Datenbank inhaltlich zukommen lassen? Wie sollen die Belege aussehen, von denen Sie gesprochen haben?«, fragte sie. »Ich meine, soll ich ihnen Informationen zu meinen Produkten oder meiner Geschäftsbranche schicken? Und soll ich das alles per Post oder als E-Mail versenden?«

»Hervorragende Fragen, Susie. Das waren genau meine Probleme, als ich anfing, das Konzept umzusetzen. Zunächst einmal: Wenn mich jemand fragt, ob es geschickter sei, bei der Geschäftskorrespondenz E-Mails zu versenden oder den normalen Postweg zu wählen, antworte ich gern, dass es nicht um ein Entweder-oder geht, sondern um ein Sowohl-als-auch. Wir haben einerseits intern ein Customer-Relationship-Management-System zur systematischen Kundenpflege aufgebaut. Andererseits setzen wir zusätzlich ein Programm ein, das ich als ein ›nach außen gerichtetes‹ CRM-Programm bezeichnen möchte. Mit ihm können wir aktiv die Menschen ansprechen, mit denen wir eine Beziehung aufbauen möchten. Es erlaubt uns, ihnen Informationen elektronisch und per Post zuzusenden. Wir nennen es unser ›Bleibe in Kontakt‹-Programm.«

»Woher wissen Sie, wann Sie welches Medium einsetzen müssen?«

»Die Erfahrung zeigt: Wenn uns jemand die Erlaubnis dazu erteilt hat, können wir Informationen über unsere Dienstleistungen bedenkenlos per E-Mail verschicken«, antwortete Sara. »Wir haben jedoch den Eindruck, dass Drucksachen einen langfristigeren Eindruck hinterlassen. Und außerdem ist auch mehr als ein Knopfdruck nötig, um sie zu löschen. Angesichts all der Virusprobleme bei E-Mail-Programmen überlegen wir sehr genau, was wir elektronisch verschicken.«

»Sie versenden also viele gedruckte Produktinformationen?«

Sara schüttelte den Kopf. »Sie werden überrascht sein zu hören, dass ein Großteil unserer gedruckten Kommunikationsmittel relativ wenig mit unserem eigentlichen Geschäft zu tun hat. Wir nutzen Drucksachen weniger, um unsere Produkte darzustellen. Vielmehr setzen wir sie gezielt zum Beziehungsaufbau und zur Kundenpflege ein. Die von uns entworfenen Drucksachen sind stets sehr professionell aufgemacht und umfassen informative, flüssig geschriebene Inhalte. Das Layout ist sehr elegant und soll vor allem einen guten Eindruck erwecken. Denn darum geht es hier. Wenn meine Verkaufsberater Beziehungen zu Neukunden aufbauen, die gegenwärtig noch bei der Konkurrenz kaufen oder noch nicht bereit sind, mit uns zusammenzuarbeiten, dann sollte man unbedingt vermeiden, sie mit Produktinformation zu überschwemmen – weder per E-Mail noch per Post. Wichtig ist vielmehr, dass unser Name beim Kunden im Gedächtnis verankert und so eine Beziehung aufgebaut wird. Wir wollen erreichen, dass die Kunden uns einen Teil ihrer Zeit schenken, in der wir sie auf einer sehr persönlichen Ebene ansprechen können.

Darum versenden wir persönlich gestaltete Rundschreiben, Urlaubsgrüße und Schreiben mit besonderen Informationen.«

»Besondere Informationen?«, fragte Susie.

»Ja, Schreiben, die besondere, einfache und nützliche Tipps enthalten wie zum Beispiel kostenlose Informationen zu Studienstipendien oder wie man zum fünfzigsten Hochzeitstag Glückwünsche aus dem Weißen Haus erhalten kann. Durch diese Informationen erinnert man sich an unseren Namen, wenn wir dort anrufen, und man ist bereit, mit uns zu sprechen.

Natürlich erwähnen wir es, wenn wir ein neues Produkt im Angebot haben, aber hauptsächlich wollen wir ein angenehmes Klima für unseren nächsten Anruf schaffen. Oder, um den Begriff zu benutzen, mit dem Sie sicher mittlerweile vertraut sind, um unseren Mitarbeitern den ›Erlaubnisschein‹ zu sichern, der ihnen Anrufe ermöglicht, die gerne entgegengenommen werden, weil unser Firmennamen bei dem Kunden positive Assoziationen weckt. *Geschäfte werden auf persönlicher Ebene abgeschlossen, nachdem man einen professionellen Eindruck hinterlassen hat.* Wir machen das einfach auf eine sehr systematische Weise.

Viele Unternehmen müssen aufgeben, weil sie nur Informationen zu ihren Produkten und ihrer Branche verschicken«, fuhr Sara fort. »Wann haben Sie das letzte Mal das Rundschreiben Ihres Wirtschaftsprüfers wirklich gelesen? Und doch würden Sie ihn vielleicht sogar weiterempfehlen, wenn er die Zeit und Energie aufbrächte, persönlich mit Ihnen in Verbindung zu bleiben. Wie gesagt, Geschäfte werden auf persönlicher Ebene gemacht, nachdem man einen professionellen Eindruck hinterlassen hat. Sie sollten nicht zum Sklaven des Systems werden. Es sollte selbst dann für Sie arbeiten, wenn Sie gerade nicht arbeiten wollen. Dazu müssen Sie es hundertprozentig einsatzbereit haben. Klingt das einleuchtend für Sie?«

»Vollkommen«, sagte Susie, »aber Ihre Vorgehensweise scheint mir vor allem für eine große Firma wie die Ihre geeignet zu sein. Wie aber setze ich das System für mich selbst um? Wie kann ich ein solches Programm ausarbeiten und dann entscheiden, was ich jeden Monat verschicken soll?«

Sara dachte einen Moment nach. »Das ist eine sehr gute Frage. Warten Sie, ich erzähle Ihnen etwas. Selbst bei einem großen Unternehmen wie dem unseren reicht die bestehende Infrastruktur nicht mehr aus, allen Kunden Informationen in dem Umfang zukommen zu lassen, wie wir es wünschen. Das liegt an unseren enormen Wachstumsraten. Wir sind oft derart damit beschäftigt, unsere Versprechen einzuhalten, dass wir nicht die Zeit finden, alles zu versenden, was eigentlich versandt werden müsste. Es passiert genau das, was die alte Faustregel besagt: Jedes Mal, wenn der Umsatz um 40 Prozent steigt, wird die Infrastruktur gesprengt. Es wird Sie erstaunen, dass dies für eine Firma wie unsere mit 300 Mitarbeitern ebenso gilt wie für Ihre Firma mit einem Angestellten.

Was wäre also die Antwort auf Ihre Frage?«, fuhr Sara fort und neigte ihren Kopf in Susies Richtung. »Ich wette, genau darüber denken Sie gerade nach. Die Antwort darauf ist, dass das Programm wie jedes gute Marketingprogramm geplant werden muss, nämlich ein Jahr im Voraus. Um zunächst einmal Ihren wichtigsten Kunden jene Aufmerksamkeiten und Anerkennungen zukommen zu lassen, empfehle ich Ihnen, zunächst ein Basiskommunikationsprogramm aufzustellen, das Sie von einem geeigneten externen Unternehmen verwalten lassen. Sie selbst sind dann in der Startphase von dieser Aufgabe entlastet und treten erst in Aktion, wenn sich das Programm fest etabliert hat. Was halten Sie davon?«

»Das klingt einleuchtend.«

»Gut, dann ich kann ich fortfahren«, sagte Sara. »Grundsätzlich teilen wir das Programm in zwei Bereiche auf: erstens unsere Drucksachen- und E-Mail-Kampagnen, die wir als ›Bleibe in Kontakt‹-Kampagnen bezeichnen, und zweitens unser Netz der Wertschätzung.«

»Netz der Wertschätzung?«, fragte Susie etwas verwirrt.

»Netz der Wertschätzung«, wiederholte Sara. »Ein absolut einfaches System, auf das jeder innerhalb unseres Unternehmens Zugriff hat. Es umfasst eine Reihe kleiner, größerer und großer Aufmerksamkeiten, auf die wir sofortigen Zugriff haben und mit denen wir den spürbaren Beweis liefern, dass wir wirklich interessiert an einem Kunden sind. Das Programm arbeitet online und ist mit unserer Datenbank vernetzt, sodass wir in kürzester Zeit in der Lage sind, unseren Kunden unsere Wertschätzung auszudrücken. Und natürlich den Menschen, die uns weiterempfohlen haben. Jedem Mitarbeiter unserer Firma steht ein Festbetrag zur Verfügung, mit dem er seinen Dank nach eigenem Ermessen ausdrücken kann. Wir werfen unser Netz der Wertschätzung so weit aus, wie wir nur können. Die Resonanz ist phänomenal, und in unserer Firma gibt es sogar eine Wand, die wir unsere ›Ruhmeswand‹ nennen und an die wir sämtliche Antwortschreiben heften, die wir von unseren Kunden und Lieferanten erhalten.«

»Wirklich! Kleine Aufmerksamkeiten machen so viel aus?«

»Ich gebe Ihnen ein Beispiel«, meinte Sara. »Neulich empfahl ich meiner Freundin meinen Chiropraktiker. Als der Arzt die Behandlung beendet hatte, bat er meine Freundin: ›Sagen Sie Sara vielen Dank dafür, dass sie mich weiterempfohlen hat.‹ Als meine Freundin mir davon berichtete, musste ich innerlich grinsen. Denn so bin ich früher auch vorgegangen, und die meisten Unternehmen gehen so vor.«

»Was ist denn daran so verkehrt?«, fragte Susie.

»Oh, es war natürlich nett, dass er sich durch meine Freundin bei mir bedankt hat. Ich habe die Empfehlung gern ausgesprochen. Aber aus geschäftlicher Sicht hätte er mehr tun sollen, und es wäre so leicht gewesen. Er hätte nur ein einfaches System parat haben müssen, durch das seine Assistentin automatisch aufgefordert worden wäre, mir für die Empfehlung zu danken und mir schnellstmöglich eine kleine Aufmerksamkeit zuzusenden. Zum Beispiel einen Präsentkorb oder einen Blumenstrauß, irgendetwas Handfestes, eben einen Beleg oder einen Beweis für seine Dankbarkeit. Dazu hätte er – neben diesem System – nur meine Kontaktdaten benötigt, die ihm ja vorliegen, und einen Internetanschluss. Eine Mail an den Dienstleister, der die Versendung des Präsents übernimmt – und das ist es schon. Was glauben Sie, wie überrascht und beeindruckt ich gewesen wäre! Er wäre mir noch stärker im Gedächtnis haften geblieben und ich würde ihn vielleicht noch viel öfter weiterempfehlen! Kann er sich so einen Service leisten?, fragen Sie jetzt vielleicht.

Überlegen Sie einmal«, sagte sie, »der Chiropraktiker wird an meiner Freundin in diesem Jahr mehr als 1500 € verdienen. Er hat keinen Cent für Werbung ausgeben müssen, damit sie zu ihm kam oder um sie zu überzeugen, dass er der beste Chiropraktiker der Stadt ist. Denn davon hatte ich meine Freundin ja schon durch meine Empfehlung überzeugt. Glauben Sie nicht, dass die Investition in einen Präsentkorb geschäftlich gesehen Sinn gemacht hätte? Und sogar noch ein paar mehr Empfehlungen nach sich ziehen würde? Für eine echt geschäftsmäßig-geschäftsmäßige Person wie mich würde das durchaus Sinn machen.«

Susie antwortete verlegen: »Dazu kann ich nicht viel sagen. Ich habe nie sehr viel mehr als der Chiropraktiker getan, um meine Wertschätzung auszudrücken. Ehrlich gesagt war ich der Meinung, für mehr reichten weder Zeit noch Geld.«

Sara nickte. »Aber denken Sie an das, was ich vorhin erwähnte: Wenn Sie sich darauf konzentrieren, Ihr System einsatzbereit zu machen und das ganze Programm auf Ihre Zwecke auszurichten, wird sich der Erfolg rasch einstellen. Es arbeitet 24 Stunden am Tag, sieben Tage in der Woche für Sie und – wie gesagt – es arbeitet selbst dann, wenn Sie gerade nicht arbeiten wollen. Wir bearbeiten das Programm und entwickeln Teile davon intern, aber wir haben auch externe Unternehmen eingebunden, die uns unterstützen – zum Beispiel einen Dienstleister, der den Versand von Blumensträußen übernommen hat. Einige solcher Dienstleister gibt es sogar hier vor Ort, aber im Internet finden Sie alles, was Sie brauchen. Tatsache ist, dass wir in den ersten drei Jahren fast alles von externen Firmen bearbeiten ließen.«

Sara zog zwei wunderbar gestaltete Poster hervor, auf denen das Simpson-Systems-Logo prangte. Auf dem ersten Poster stand in großer und fetter Schrift, direkt unter dem Firmennamen, der Satz: »Bleibe in Kontakt«. Auf dem zweiten Poster standen die großen, fettgedruckten Worte »Netz der Wertschätzung«. Das »Bleibe in Kontakt«-Poster listete Vorschläge zur Kontaktaufnahme auf, und zwar je einen Vorschlag für alle zwölf Monate des Jahres. Und auf dem »Netz der Wertschätzung«-Poster war die Firmenphilosophie von Simpson Systems beschrieben. Susie prägte sich besonders die Vorschläge für die Grußkarten ein.

Und so sahen die beiden Poster aus:

SIMPSON SYSTEMS

BLEIBE IN KONTAKT

Januar	–	Neujahrsgrüße
Februar	–	Anschreiben mit besonderer Information
März	–	persönlich gestaltetes Rundschreiben
April	–	Frühlingsgrüße
Mai	–	Anschreiben mit besonderer Information
Juni	–	persönlich gestaltetes Rundschreiben
Juli	–	Sommergrüße
August	–	Anschreiben mit besonderer Information
September	–	persönlich gestaltetes Rundschreiben
Oktober	–	Herbstgrüße
November	–	Anschreiben mit besonderer Information
Dezember	–	persönlich gestaltetes Rundschreiben

SIMPSON SYSTEMS

Netz der Wertschätzung

Wir geloben, unseren Kunden, Partnern, Lieferanten und Kollegen regelmäßig und konsequent unseren Dank auszudrücken – mit spürbaren Beweisen unserer Wertschätzung. Für uns ist der wertschätzende Beziehungsaufbau am allerwichtigsten!

- Allen Mitarbeitern, die mit Kunden zu tun haben, stehen 2000 € zur Verfügung, die sie nach eigenem Ermessen dazu verwenden können, ihren Kunden ihren Dank auszudrücken. Diese Mittel können zudem eingesetzt werden, um angespannte Situationen im Umgang mit Kunden, die der sofortigen Aufmerksamkeit bedürfen, zu entschärfen.
- Die Firma und ihre Mitarbeiter beachten das ganze Jahr hindurch diejenigen Tage und Termine, an denen üblicherweise Menschen beschenkt werden: etwa Geburtstage und besondere Feiertage. Sie versprechen zudem, über diesen Pflichteinsatz hinaus stets nach kreativen Möglichkeiten Ausschau zu halten, unseren Kunden unsere Wertschätzung auszudrücken. Außergewöhnlicher Kundenservice und der Versand besonderer Aufmerksamkeiten sind für uns selbstverständlich.
- Jeder Empfehlung wird sofort, spürbar und persönlich an dem Tag, an dem sie ausgesprochen wurde, nachgegangen. Das heißt: Wir bedanken uns sofort bei denjenigen, die uns weiterempfohlen haben.
- Jede Person, die eine Empfehlung ausspricht, die einen Auftrag für die Firma zur Folge hat, erhält noch am Tag der Auftragsvergabe eine persönliche Danksagung und Aufmerksamkeiten.

- Auch unseren Lieferanten und Partnern wird sofort, spürbar und persönlich gedankt, wenn sie uns einen außergewöhnlichen Service bieten.
- Sämtliche Teammitglieder geloben, den anderen gegenüber sofort, regelmäßig und spürbar ihre Anerkennung auszudrücken, wenn diese Integrität, Loyalität und besondere Leistungen zeigen.

Sara überreichte Susie eine verkleinerte Kopie der Poster und Susie legte die Blätter sofort in ihr Notizbuch.

»Unser Verkaufspersonal verfügt über eine Verkaufspräsentation, mit der es jederzeit jeden Kunden und Partner über unsere Geschäftsprinzipien und unser Kommunikationsprogramm informieren kann«, fuhr Sara fort. »Susie, ich kann Ihnen sagen, die Leute sind begeistert von dem Konzept.

Wir sind jetzt die Nummer eins in unserem Bereich«, fügte sie hinzu. »Und es ist egal, in welcher Branche Sie tätig sind. *Letztendlich dreht sich alles um die Beziehung und den Beziehungsaufbau.* Sicher, vielleicht möchten Sie im Einzelfall überdenken, was genau Sie an wen schicken wollen. Letztlich aber zählen Ihre Beständigkeit und Ihr Durchhaltevermögen. Denken Sie an das, was ich gesagt habe – Geschäfte werden auf persönlicher Ebene gemacht, nachdem man einen professionellen Eindruck hinterlassen hat. Große Dinge geschehen, wenn Sie das richtige System und die richtige Einstellung haben und beides konsequent verfolgen.«

Sara zeigte Susie Fotos einiger der Aufmerksamkeiten, die an die Menschen aus der ABC-Datenliste von Simpson Systems versandt wurden: persönlich gestaltete Rundschreiben, Produkte und Artikel rund um die Themen Fitness, Erfolg, Heim, Technik und Familie, elegant und individuell designte Grußkarten und vieles mehr. »Aber das sieht alles so geschäftsmäßig aus.« Susie musste das einfach sagen.

Sara lachte. »Was erwarten Sie von einer geschäftsmäßig-geschäftsmäßigen Person wie mir? Bedenken Sie: Sie selbst wählen die Produkte und Aufmerksamkeiten aus, und natürlich wird Ihr persönlicher Geschmack dabei eine entscheidende Rolle spielen. Sie kennen Ihre Kunden am besten und können am besten entscheiden, was diesen Kunden gefallen wird. Das heißt: Sie müssen zunächst herausfinden, wer Sie sind und zu welchem Typ Sie gehören. Dem müssen Sie treu bleiben und Ihre Produkte und Aufmerksamkeiten entsprechend aussuchen oder auch entwerfen.«

»Ich kann also auch meine eigenen Entwürfe machen?«, wunderte sich Susie.

»Wenn Sie die konkreten Inhalte des ›Bleibe in Kontakt‹-Programms selbst gestalten wollen, dann auf jeden Fall, aber offen gesagt – entschuldigen Sie, dass ich so direkt bin – wären Sie damit nicht gut beraten. Es ist wesentlich effizienter, sich einfach den richtigen Vertragspartner zu suchen, die Produkte mit Ihrem Namen zu versehen, ihm Ihre Kundenadressen zu geben und den Vertragspartner alles arrangieren zu lassen. Derweil können Sie sich auf Ihre speziellen Fähigkeiten konzentrieren. Leuchtet Ihnen das ein?«

»Ja, in der Tat.«

»Und«, fügte Sara hinzu, »wenn Sie das einfache ›Bleibe in Kontakt‹-Programm installiert haben, das ja über zwölf Monate läuft und jedes Jahr aktualisiert werden kann, können Sie Ihren Schwerpunkt darauf legen, neue Kontakte zu knüpfen und Ihre C zu B und Ihre B zu A zu machen. Dafür sollten Sie dann alle notwendigen Vorbereitungen treffen – besondere Aufmerksamkeiten, das Dankeschön-Präsent für eine Empfehlung, die Geschenke, die Sie Ihren Kunden etwa zum Geburtstag zusenden, und so weiter. Das Programm sollte das alles für Sie erledigen. Das Wissen, dass Ihre Kunden ständig von Ihnen hören, sowie der Gedanke, dass jeder Ihrer Neukontakte in dieses Konzept mit aufgenommen wird, wird sehr beruhigend für Sie sein. Wenn ich mir anschaue, wie viel Umsatz wir durch die Kunden unserer Datenbank machen, traue ich manchmal meinen eigenen Augen nicht. Das durchschnittliche Umsatzwachstum pro Kunde, das wir aufgrund des vertrauensvollen Beziehungsaufbaus erzielen – gepaart mit Kosten, die dadurch verschwindend gering sind, dass wir Neukunden durch Empfehlungen gewinnen statt durch teures Marketing –, ist unglaublich.« Sie lehnte sich in ihrem Stuhl zurück und hob die Arme, um ihr Erstaunen auszudrücken.

»Klingt, als seien Sie glücklich«, meinte Susie und freute sich über Saras Begeisterung.

»Lassen Sie es mich anders ausdrücken. Unsere Marketingstrategie beruhte vorher darauf, ziellos zu werben und auf Erfolge zu hoffen. Wir bedienten uns jeder erdenklichen Werbe- und Marketingmethode. Heute arbeiten wir auf der Basis eines schwerpunktorientierten Ansatzes, mit dem wir Beziehungen aufbauen und pflegen und der hervorragende Endergebnisse produziert.«

»Ein echt geschäftsmäßig-geschäftsmäßiger Satz!«, fiel Highground mit einem Lachen ein.

»Es klingt nach einem enormen finanziellen Aufwand«, sagte Susie, die in Gedanken immer noch damit beschäftigt war, wie sie ihr Programm starten sollte.

Sara erwiderte nach einer kurzen Pause: »Susie, darf ich ehrlich sein? Im Geschäftsleben unterscheidet man zwischen Investitionen und Aufwand. Können Sie sich vorstellen, dass mein Chiropraktiker einige 1500-€-Kunden mehr haben würde, wenn er in ein solches System investierte?«

»Ganz sicher«, bestätigte Susie. Langsam gelang es ihr, ihr altes Denkschema zu durchbrechen.

»Sie haben es geschafft!«, rief Highground aus. »Jetzt stellen wir Susie Ihrem Verkaufspersonal vor, Sara, damit sie sieht, wie das Konzept hier praktisch umgesetzt wird. Was meinen Sie?«

Sara stand auf, Highground und Susie folgten.

»Das passt sehr gut«, sagte Sara, während sie schon auf die Tür zusteuerte, »denn wir halten gerade ein Verkaufs- und Kundendienstseminar für neue Mitarbeiter ab. Unser Personalleiter wird erklären, was genau ›Sagen Sie es mir einfach‹ bedeutet und wie wir das ›Bleibe in Kontakt‹-Programm präsentieren. Gehen wir.«

Ihr Eintritt in den Seminarraum blieb nicht unbemerkt. Sara winkte ihrem Team ein aufmunterndes ›Weitermachen‹ zu, während sie Highground und Susie bat, Platz zu nehmen, und sich dann neben sie setzte.

Der Personalleiter hatte mit seinem Vortrag gerade begonnen. Nach einem Überblick über das Engagement der Firma bei den Stammkunden führte er ein Video mit einem erfolgreichen Werbespot einer nationalen Fluglinie vor. Darin erklärte der Direktor seiner Verkaufsmannschaft, dass sie gerade ihren größten und ältesten Kunden verloren hatten. Und zwar, weil es nicht gelungen war, die persönliche Beziehung, durch die dieser Kunde überhaupt erst gewonnen werden konnte, aufrechtzuerhalten. Dann wurde gezeigt, wie der Direktor den Verkaufsexperten Flugtickets in die Hand drückte und sie aufforderte, alle Personen, die sie persönlich betreut hatten, anzusprechen und den Kontakt wieder aufzunehmen. Als einer der Verkäufer den Direktor fragte, wohin er gehe, lautete dessen Antwort, er sei auf dem Weg zu einem alten Freund, nämlich zu dem Kunden, den die Firma verloren hatte.

Als der Werbespot zu Ende war, erklärte der Personalleiter, das Video zeige die Lage, in der sich die Konkurrenz von Simpson Systems befinde. Diese Unternehmen würden ihre Kunden verlieren, da die persönliche Beziehung fehle. Simpson Systems jedoch würde aufgrund der ›Bleibe in Kontakt‹- und ›Netz der Wertschätzung‹-Programme nie in eine solche Situation geraten.

»Wir haben einen Spruch, den man fast als unseren Wahlspruch bezeichnen kann«, erklärte der Personalleiter, »er lautet: ›Sagen Sie es mir einfach.‹ Das bedeutet schlichtweg, dass wir stets zur Verfügung stehen, wenn wir unseren Kunden auf irgendeine Weise behilflich sein können. Der verstorbene Gründer dieser Firma, Sam Simpson, war immer für seine Kunden, Partner und Freunde da. Und Sara Simpson, unsere jetzige Direktorin, ist entschlossen, diese Tradition beizubehalten, und zwar nicht nur mit Worten, sondern auch mit Taten. Der zweite Gedanke, der in diesem Wahlspruch steckt, ist ebenfalls ganz einfach: die Kunden bitten, uns an ihre Freunde und Kollegen weiterzuempfehlen – mit dem Versprechen, dass diese von uns genauso gut bedient werden wie sie selbst.« Er machte eine Pause und lehnte sich nach vorne. »Das geht natürlich nach hinten los, wenn Sie den Kunden, denen wir empfohlen worden sind, einen schlechteren Service bieten – auch das spricht sich herum.« Alle lachten.

Er fuhr fort, indem er noch einmal seine Erklärungen zum ›Bleibe in Kontakt‹-Programm und dem Netz der Wertschätzung wiederholte. Danach zeigte er die Ruhmeswand und besprach die Summe, die den Mitarbeitern nur dazu zur Verfügung stand, sich zu bedanken. Alles, was Susie zu hören bekam, glich dem, was Sara ihr gerade verdeutlicht hatte. Als sie schließlich aufbrachen, hatten sich die Notizen, die Susie sich den ganzen Tag über gemacht hatte, verdoppelt.

Sie verließen den Seminarraum, und Susie spürte ein ganz neues Selbstbewusstsein. Sie schaute Sara direkt an und dankte ihr für ihre Zeit.

»Susie«, sagte Sara und schüttelte ihr die Hand, »sollten sich die Umstände ändern und Sie sich überlegen, in die Computerbranche einzusteigen, dann rufen Sie mich an. Ansonsten, wenn ich Ihnen in irgendeiner Form behilflich sein kann, dann sagen Sie es mir einfach!« Und mit einem breiten Lächeln drehte sie sich auf ihren hohen Absätzen um und kehrte zu ihrer Arbeit zurück.

Als Susie und Highground das Gebäude verließen, zweifelte Susie nicht, dass Sara jedes Wort, das sie gesagt hatte, auch ernst gemeint hatte.

»Meine Güte«, stieß sie aus.

Highground lächelte. »Wie ich am Anfang gesagt habe, Sara Simpson beweist, dass das System auf jeden übertragbar ist, der es mit vollem Herzen einsetzt, unabhängig vom persönlichen Stil des Einzelnen.«

»Das stimmt.«

Highground schaute auf seine Uhr. »Es ist schon ziemlich spät«, meinte er.

»Aber ich lerne so viel!«, erwiderte Susie. Sie wollte ihren neuen Mentor nur ungern verabschieden.

»Datensalat«, warf Highground ein. »Es könnte ein bisschen viel für einen Tag gewesen sein, um nicht zu sagen für zwei Tage.«

»Oh, das glaube ich nicht«, lachte Susie. »Ich fühle mich so energiegeladen.«

Darüber musste Highground aus vollem Herzen lachen. »Das sehe ich! Und es gefällt mir ausnehmend gut. Trotzdem möchte ich, dass Sie alles auf sich einwirken lassen und sich Gedanken zum letzten Prinzip machen und wie es alles andere beeinflusst. Gehen Sie nach Hause und füllen Sie Ihr letztes Arbeitsblatt aus, das mit dem vierten Ziel. Und dann möchte ich Sie bitten, alles, was Sie in Ihrem Notizbuch stehen haben, noch einmal zu überarbeiten. Wenn Sie Lücken entdecken, so füllen Sie sie mit einfachen erreichbaren Zielen und Ideen. Ich treffe Sie morgen um Punkt 8 Uhr. Dann gehen wir alles noch einmal durch.«

»Und was passiert dann?«

»Dann fangen Sie ein ganz neues Kapitel in Ihrem Leben an«, meinte Highground mit einem Augenzwinkern. Er winkte ihr zu und verschwand dann so geheimnisvoll wie immer.

Susie blieb einen Moment reglos stehen. Vor ihr lag der Strand, sie betrachtete gedankenversunken das Meer und den Horizont. Die Sonne ging gerade unter, es dämmerte, und aus irgendeinem Grund hatte Susie das Gefühl, dass etwas Bedeutendes in ihrem Leben im Entstehen begriffen war, etwas ganz Neues. Es fühlte sich verheißungsvoll an.

Sie eilte nach Haus, machte sich Abendbrot und setzte sich dann mit ihrem Notizbuch an den Tisch:

4. ZIEL

ZIEL: MEINE ›BLEIBE IN KONTAKT‹- UND ›NETZ DER WERTSCHÄTZUNG‹-PROGRAMME EINSATZBEREIT MACHEN.

ZIELTERMIN: Zwölf Wochen ab heute.

HEUTE IST DER 15. SEPTEMBER UND ICH HABE: für mein ›Bleibe in Kontakt‹-Programm festgelegt, wann ich welche Grüße, Informationen und Rundschreiben aussenden möchte. Ich habe die für meinen Stil geeignetsten zwölf Kommunikationsmittel ausgewählt und möchte sie jeden Monat verschicken. Die vorgedruckten Informationsmaterialien liegen bereit und die kleinen Aufmerksamkeiten sind schon bestellt. Ich trage immer ein verkleinertes Muster jedes Kommunikationsmittels bei mir, um allen, die sich für meine Produkte und Dienstleistungen interessieren, zeigen zu können, wie ich arbeite. Ich bin darauf vorbereitet zu erklären, wie ich Beziehungen aufbaue und um Weiterempfehlung bitte.

ICH HABE SCHON ERFAHREN: so viel positive Resonanz und schon so viele Aufträge mithilfe meines Systems, dass ich mich kaum noch an die Hoffnungslosigkeit erinnere, die mich noch vor ein paar Monaten so niedergedrückt hat. Denn damals hatte ich noch keinen auf mich zugeschnittenen Aktionsplan.

ICH BIN: stolz auf die Ergebnisse meiner harten Arbeit und die Disziplin, die ich aufgebracht habe, um dieses Programm gut umzusetzen. Ich habe das Gefühl, etwas vollbracht zu haben, indem ich das Programm zügig und effektiv fertig stellte. Meine Dienstleistungen sind so sehr gefragt. Auch darauf bin ich stolz.

ICH FREUE MICH ÜBER: die Aussicht, einen Assistenten einzustellen, der mich bei der Verwaltung des Systems unterstützt. So habe ich Zeit, anderen Menschen mit meinen Produkten zu helfen.

MEINE PARTNER UND KOLLEGEN SIND: hochbeeindruckt davon, wie vollständig das ›Bleibe in Kontakt‹-Programm und mein Netz der Wertschätzung, das ich im Einsatz habe, ist. Sie staunen über den Erfolg, den ich dadurch habe. Ich selbst bin glücklich darüber, dass ich wirklich ich selbst sein kann und nicht vorgeben muss, etwas zu sein, das ich nicht bin.

ICH BIN ENTSCHLOSSEN: mit diesem Programm weiterzumachen und es konsequent zu nutzen, sodass ich mich auf die Dinge konzentrieren kann, die ich gern tue – meine Kunden betreuen und sie dabei unterstützen, ihre Ziele im Leben zu verwirklichen.

Susie lehnte sich zurück, legte ihren Füllfederhalter hin und las sich ihr letztes Ziel durch. Sie blätterte zurück an den Anfang ihres Notizbuches, um die anderen Ziele zusammen mit den Prinzipien noch einmal zu studieren. Ihr Blick fiel auf ihren ersten, hastig hingekritzelten Versuch, die 250-mal-250-Liste zusammenzustellen. *1. Prinzip*, dachte sie, *die 250-mal-250-Regel. Es zählen nicht nur diejenigen Menschen, die man selbst kennt, sondern – viel wichtiger – diejenigen, die die Kunden kennen.* Die Liste enthielt über 160 Namen. Sie ging sie einen nach dem anderen durch, und mit jedem Namen wuchs ihre freudige Erwartung. Würde der Beziehungsaufbau gelingen?

Sie teilte die Namen in die Kategorien A, B und C ein und schrieb hinter jeden Namen den entsprechenden Buchstaben. Dabei überarbeitete sie gleichzeitig die Einteilung, die sie ganz zuerst vorgenommen hatte, einfach um zu sehen, ob sie noch zutraf.

2. Prinzip, dachte sie mit einem Lächeln, *legen Sie eine Datenbank an und teilen Sie die Daten in die Kategorien A, B und C ein.* Jetzt begriff sie, wie die Liste funktionierte. Sie freute sich schon darauf, mit einigen dieser Menschen wieder Kontakt aufzunehmen – nachdem sie ihnen das ›Bekenntnisschreiben‹ mit ihrer Unternehmensphilosophie zugeschickt hatte.

3. Prinzip: ›Sagen Sie es mir einfach.‹ Erklären Sie Ihren Kunden, wie Sie arbeiten und welchen Wert Sie für die Kunden haben, indem Sie regelmäßig, konsequent und nachhaltig von sich hören lassen, zitierte sie für sich selbst. *Und das 4. Prinzip: Bleiben Sie in Kontakt, ständig, persönlich und systematisch.*

Interessant, dachte sie und schüttelte den Kopf. Sie merkte, dass sie sich an die vier Prinzipien ohne Schwierigkeiten erinnern konnte. Das Beste aber war, dass sie verstand, wie das Konzept als Ganzes funktionierte. Es lag alles griffbereit vor ihren Augen. Es war wirklich einfach und würde ihr bestimmt helfen, dauerhaft erfolgreich zu sein. Ein wunderbares Konzept, in dem der Beziehungsaufbau und die Beziehung zu anderen Menschen an erster Stelle standen, weil es auf dem einfachsten aller Gedanken basierte: der goldenen Regel.

Sie klappte ihr Notizbuch zu und legte die Hand darauf. »Oh weh«, murmelte sie und grinste über sich selbst, »ich werde kaum in Ruhe einschlafen können.«

Und genauso war es.

KAPITEL 7

Eine neue Einstellung

Am nächsten Morgen wachte Susie wieder viel zu früh auf. Sie zog sich an, griff nach ihrem Notizbuch und machte sich auf den Weg zu Chucks Café. Sie genoss das neue Selbstvertrauen, dass sie in den letzten Tagen gewonnen hatte, und freute sich darüber, dass ihr Leben vor einem Neubeginn stand.

Um genau 8 Uhr betrat sie das Café. Highground war schon da und unterhielt sich mit Chuck, der hinterm Tresen stand. Beide begrüßten sie mit einem breiten Lächeln. Highground kam zu ihr herübergeschlendert und winkte sie zu einem Tisch ganz vorn, von dem aus man das Meer sehen konnte.

»Wie geht es Ihnen heute Morgen?«, wollte Highground wissen, während sie sich setzten.

»Wunderbar, Herr Highground, einfach wunderbar.«

Das freute Highground ungeheuer. »Ich kann Ihnen richtig ansehen, wie Sie sich von Minute zu Minute verändern. Sie sind kaum noch die Frau, die ich vor drei Tagen getroffen habe.«

»Das habe ich Ihnen zu verdanken.«

»Nein, dafür sind Sie selbst verantwortlich, Susie«, korrigierte sie Highground. »Ganz egal, wie viel Sie über das Konzept wissen – es funktioniert nur, wenn Sie den Antworten auf die drei Fragen, die ich Ihnen vor drei Tagen gestellt habe, treu bleiben.«

»Das habe ich mir fest vorgenommen.«

»Dann holen Sie doch noch einmal Ihr Notizbuch hervor.«

Susie zog ihr Notizbuch heraus und schlug die Seite mit dem Arbeitsblatt, das sie am Abend zuvor ausgefüllt hatte, auf.

Highground las sich ihre Notizen zum 4. Ziel durch, nickte zustimmend und klappte das Notizbuch sanft zu. »Susie, ich würde gerne heute Morgen mit Ihnen alles, was Sie in den letzten Tagen erfahren haben, noch einmal durchgehen und dann darüber sprechen, wie Sie sich Ihre Zukunft vorstellen und was Sie als Nächstes tun werden. Wäre Ihnen das recht?«

Susie atmete tief durch. »Ich muss Ihnen etwas Wichtiges sagen, Herr Highground. Philip nannte Sie einen Menschen, der Wahrnehmungsweisen verändert – und genau das sind Sie. Sie ändern Wahrnehmungsweisen, was wiederum zu Einstellungsveränderungen führt. Ich selbst habe Menschen oft den Rat gegeben, fröhlicher zu sein oder die positiven Seiten zu sehen, aber das ist unmöglich, wenn wir damit beschäftigt sind, umstürzenden Bäumen auszuweichen, um es in Ihren Worten auszudrücken. Die Einstellung einer Person kann sich nur ändern, wenn ihre Wahrnehmungsweise sich ändert, und genau das haben Sie und Ihre Freunde in den letzten Tagen bei mir geschafft. Dafür bin ich Ihnen sehr dankbar.«

Highground freute sich wirklich über Susies Worte. »Danke, aber wie gesagt, es liegt jetzt alles bei Ihnen.«

»Ich kenne nun die Kombination!«, sagte Susie und schlug die Seite des Notizbuchs auf, auf der die Zeichnung zum 4. Prinzip zu sehen war: ›Die richtige Kombination zum Erfolg‹. Auf der Zeichnung war das Kombinationsschloss geöffnet. »Wissen Sie, schon an dem Tag, an dem Sie mir das Notizbuch gaben, musste ich beim Anblick dieser Zeichnung mit dem offen stehenden Schloss lächeln, lange bevor ich von dem ›Bleibe in Kontakt‹-Programm und der Energie, die in ihm steckt, wusste. Jetzt muss ich darüber noch mehr lächeln.«

Highground beugte sich hinüber, sodass er das Bild betrachten konnte, und lächelte ebenfalls.

»Die Kombination der vier Prinzipien kann die Tür zu einer ganz neuen Welt öffnen.« Highground blätterte zu der Seite mit ihren Zielen. »Wenn man sich diese Ziele durchliest, dann sieht man, dass Sie schon halb angekommen sind. Sie haben sich für jedes Ziel mehrere Wochen in die Zukunft gedacht und Sie haben das bewundernswert gut gemacht. Die Aufgaben, die Sie sich stellen, sind einfach und umsetzbar. So ist jedes Ziel auch wirklich erreichbar. Und das ist gut für Sie. Ich wette, Sie schaffen es.«

Susie strahlte.

»Wissen Sie, wo ich mit Ihnen beginnen möchte?«, fragte er plötzlich. »Warum erklären Sie mir nicht einfach, wo Sie vor zwei Tagen standen und wo Sie sich jetzt befinden.«

Susie lachte. »Wissen Sie, dass ich Sie damals fast nicht angerufen hätte, weil ich mir Sorgen über meine Handyrechnung machte? Da stand ich nun und mein größtes Problem war, dass ich keinerlei Plan hatte, wem ich meine Produkte vorstellen oder was ich Kunden sagen sollte, nachdem ich mit ihnen in Kontakt getreten war. Entweder ging ich zu aggressiv vor oder es gelang mir einfach nicht, die Kunden für meine Dienstleistungen zu interessieren. Wie konnte ich da nur daran denken, eine Beziehung aufzubauen?

Ich dachte, ich bräuchte unbedingt irgendeinen grandiosen Marketingplan oder eine teure Werbeaktion, um mein Unternehmen voranzubringen. Ich schaute immer bloß auf das Morgen und hoffte, der ›perfekte Plan‹ würde eines Tages an meiner Tür klingeln. Aber das geschah natürlich nicht. Und dann traf ich Sie. Wissen Sie«, meinte Susie, »seltsamerweise erschien er nun doch an meiner Tür: der ›perfekte Plan‹ – als nämlich Chuck mich an Sie verwies.«

Genau in diesem Moment brachte Chuck Susie ihren üblichen Kaffee mit Haselnussgeschmack und aufgeschäumter Milch – und natürlich einen Keks. Es war die gleiche Situation wie vor drei Tagen, fiel Susie auf, als Chuck sie dazu gebracht hatte, ihm ihre Probleme zu erzählen. Er schob Kaffee und Keks feierlich über den Tisch zu ihr herüber.

Susie fand diese Geste herrlich und lachte laut auf.

»Erstaunlich, was 72 Stunden im Leben eines Menschen ausmachen können, nicht wahr?«, meinte Chuck und klopfte Highground auf die Schulter, bevor er sich wieder seiner Arbeit zuwandte.

»Seit wann hat er Ihr System im Einsatz?«, fragte Susie Highground und schaute Chuck nach.

»Seit etwa fünf Jahren. Und, das mag für Sie nicht überraschend sein, er wurde auf mich ebenfalls durch die Empfehlung einer seiner Freunde aufmerksam.«

»Nein, das überrascht mich überhaupt nicht – jetzt nicht mehr.« Sie tunkte den Keks in ihren Kaffee und biss ein großes Stück ab.

»Fahren Sie fort. Sie waren an dem Punkt, wo Chuck Sie an mich verwies, glaube ich.«

»Nun, Sie wissen, was danach passierte. Ich kann jetzt auf ein Konzept zurückgreifen, das ganz auf mich zugeschnitten ist. Ich habe nicht das Gefühl, ich müsste irgendjemanden nachahmen«, sagte sie. »Und ich habe nun die alte Weisheit, dass *es zehnmal teurer ist, einen neuen Kunden zu werben, als einen alten Kunden zu behalten*, begriffen und schätzen gelernt«, fuhr sie fort und genoss ihren Keks. Sie schien heute Morgen alles ganz besonders intensiv zu genießen.

»Mein Problem war, dass ich mich auf kein System stützen konnte, durch das ich meine Kunden automatisch und regelmäßig ansprechen konnte, und noch weniger auf eins, das mir gestattete, diese Kunden um Empfehlungen zu bitten. Aber jetzt kenne ich Ihr System: ein Konzept, in dem der Beziehungsaufbau und die Beziehungen an erster Stelle stehen, das auf der goldenen Regel beruht, das meinen Kunden meine Beständigkeit zeigt und es mir ermöglicht, die mir wichtigen Menschen um Empfehlungen zu bitten. Die ich dann hoffentlich auch bekomme.«

»Sobald Sie anfangen, das System zu leben, Susie, wird es zu Ihrem System. Sie werden erfahren, wie erfolgreich Sie sind, wenn Sie nur den Kurs halten.«

»Und ich werde stolz darauf sein, es als meinen Erfolg zu verbuchen, denn es scheint mir, dass der Wert dieses Systems, besonders des ›Bleibe in Kontakt‹-Programms, darin liegt, die Kommunikation mit den Kunden zu verbessern. So viele Menschen reden davon, dass sie mit ihren Kunden regelmäßig kommunizieren wollen, aber nur wenige tun es tatsächlich. Ab und an ein Schreiben, in dem sie versuchen, auf neue Produkte aufmerksam zu machen – aber das ist auch schon alles. Ich jedoch bin wirklich überzeugt davon: Wenn ich meinen Kunden erkläre, Sie sollen mir einfach sagen, wenn ich Ihnen behilflich sein kann, bin ich auch in der Lage dazu. Und wenn ich dann frage, ob sie Freunde oder Kollegen haben, die Bedarf an meiner Dienstleistung haben könnten, und verspreche, diese genau so zu behandeln, wie ich diesen Kunden behandelt habe, ist das keine leere Phrase. Denn ich werde dies regelmäßig tun und den Kunden so meine Zuverlässigkeit beweisen: dadurch, dass ich den Kurs halte und in Kontakt bleibe.«

Highground lehnte sich zurück und schüttelte seinen Kopf. »Das ist genau richtig, Susie.« Er schaute seine neue Schülerin stolz an. »Sie haben ganz offensichtlich Ihren eigenen Stil gefunden, Susie. Es ist immer wieder ein echtes Erlebnis für mich, wenn ich feststelle, dass jemand meine Philosophie und mein Konzept mit Leben füllt.«

Aber Susie war noch nicht fertig. »Wissen Sie, bevor ich Sie traf, habe ich die Visitenkarten von Leuten immer in meine Ablage gelegt, aber nie wirklich nachgehakt. Wenn ich dann endlich dazu kam, anzurufen, um etwas anzubieten, war inzwischen so viel Zeit vergangen, dass ich mich fast schon schämte. Es sah nur so aus, als sei ich wirklich an dem Kunden interessiert, dabei wussten beide Seiten, dass ich eigentlich mehr oder weniger aus Zufall anrief. Ich erweckte so den Eindruck eines Opportunisten, der einen alten Kontakt nur deswegen auffrischte, weil er sich nicht anders zu helfen wusste. Darum fühlte ich mich unwohl bei diesen Anrufen – manchmal wurde mir ja sogar richtig schlecht. Nun weiß ich, warum.«

Susie lächelte. »Aber das ändert sich jetzt. Von nun an gehe ich neue Wege – ich verdiene mir das Recht, um eine Empfehlung bitten zu dürfen. Ich verstehe diese großartigen Prinzipien und wie sie im Geschäftsleben angewendet werden sollten. Ich werde die Menschen ab sofort regelmäßig kontaktieren, denn jetzt weiß ich, wie ich das anstellen muss. Nämlich indem ich regelmäßig und nachhaltig mit ihnen kommuniziere und ihnen immer wieder einmal kleine Aufmerksamkeiten zukommen lasse. Und ich bin überzeugt, dass viele von ihnen beeindruckt sein werden. Denn ist es nicht der Wunsch der meisten Menschen, auf diese Weise zu kommunizieren? Nur: Den meisten fehlt die dazu notwendige Konsequenz – und das Konzept!«

Highground erhob seine Kaffeetasse zu einem Toast. Auch Susie erhob ihre Tasse. »Sie sollten stolz auf sich sein, Susie. Sie haben meinen Respekt.«

»Vielen Dank«, sagte Susie, und sie stießen mit ihren Tassen an. Sie tunkte wieder ihren Keks in den Kaffee. »Sie können sich gar nicht vorstellen, wie stolz ich auf mich bin. Aber noch stolzer werde ich sein, wenn das ganze System erst einmal im Einsatz ist und ich es jeden Tag lebe.«

»Genauso wird es sein. Sie haben das Konzept hervorragend verinnerlicht. Jetzt wünsche ich Ihnen, dass Sie in den nächsten vier Monaten den Kurs halten. Arbeiten Sie daran, Susie, mit aller Energie. Denn wenn Sie es schaffen, gelangen Sie zu einer Art Routine, wodurch alles noch leichter wird.«

Highground legte ein Blatt Papier auf Susies Notizbuch. »Legen Sie das in Ihr Notizbuch. Ich nenne es meine ›Liste der nächsten Schritte‹. Es ist eine Aufstellung der 20 wichtigsten weiteren Maßnahmen, die Sie in den nächsten Tag angehen sollten, um den Prozess voranzutreiben. Sobald das System reibungslos läuft, haben Sie sofort persönlichen Zugang zu jedem Neukunden. Und Sie sind in der Lage, zu jedermann regelmäßig und konsequent Verbindung aufzunehmen und zu halten. Wenden Sie das Konzept einfach an, Susie, und halten Sie den Kurs. Wenn Sie erst einmal Konsequenz und Zuverlässigkeit bei Ihren bestehenden Kunden bewiesen haben, dann brauchen Sie die Konkurrenz nicht mehr zu fürchten. Genau so, wie sie über gute und verlässliche Freunde verfügen, werden Sie dann gute und verlässliche Kundenbeziehungen haben – eben lebenslange Beziehungen!«

Susie las sich begeistert die ›Liste der nächsten Schritte‹ durch und begann sofort, sich Notizen zu machen und zu überlegen, wann sie damit anfangen könnte, die Maßnahmen durchzuführen.

LISTE DER NÄCHSTEN SCHRITTE

1. *Stellen Sie Ihre Namenliste fertig. Rufen Sie an, um die Anschriften, Telefonnummern und E-Mail-Adressen zu überprüfen und zu aktualisieren.*

2. *Teilen Sie alle Namen in die Kategorien A, B und C ein.*

3. *Stellen Sie einen Assistenten ein, der die regelmäßige Kommunikation mit den Kunden übernimmt oder überwacht. Oder entscheiden Sie sich für ein CRM-System. Das System muss die Möglichkeit bieten, ABC-Kategorien zu erstellen.*

4. *Finden Sie einen vertrauenswürdigen Computerspezialisten, den Sie beauftragen können, Ihren Post- und E-Mail-Versand zu übernehmen.*

5. *Suchen Sie im Internet nach Anregungen für verschiedene Möglichkeiten, mit denen Sie Ihr ›Bleibe in Kontakt‹-Programm mit Leben füllen können. Überprüfen Sie, was in Ihrer Branche üblich ist. Stellen Sie für das Programm einen Zwölfmonatsplan auf.*

6. *Beauftragen Sie einen Onlinedienst, der Ihnen hilft, sofort ein Netz der Wertschätzung einzurichten. Ihre Daten müssen über Standardfunktionen leicht zugänglich sein und ohne Schwierigkeiten bearbeitet werden können.*

7. *Kaufen Sie persönlich gestaltete Dankeschön-Karten. Verschicken Sie diese noch an dem Tag, an dem Ihnen ein Kunde die Erlaubnis gegeben hat, seinen Namen in Ihre Datenbank aufzunehmen.*

8. *Erstellen Sie für Ihre Datenbank ein ›Bleibe in Kontakt‹-Programm. Halten Sie für jeden Monat des Jahres die erforderlichen Materialien bereit. Wählen Sie die Aufmerksamkeiten aus und bestimmen Sie die Termine, an denen sie verschickt werden sollen. Drucken Sie den Plan aus, sodass Sie ihn jederzeit*

sichtbar vor sich haben. Legen Sie die Aufgaben fest, die jeden Monat konsequent ausgeführt werden müssen.

9. *Erstellen Sie ein ›Netz der Wertschätzung‹-Programm. Legen Sie, zusätzlich zu Ihrem ›Bleibe in Kontakt‹-Programm, ein Budget für Mitarbeiter mit Kundenkontakt fest, damit diese Danksagungen für Empfehlungen, Geburtstags- und Urlaubsgrüße verschicken können.*

10. *Verschicken Sie ein ›Bekenntnisschreiben‹ an alle Adressen Ihrer Datenbank, in dem Sie Ihre Unternehmensphilosophie beschreiben.*

11. *Rufen Sie danach jeden an, dem Sie dieses Schreiben geschickt haben. Fragen Sie nach Geburtstagen (nicht nach dem Geburtsjahr) und Jahrestagen, falls sich die Gelegenheit ergibt. Geben Sie alles in Ihre Datenliste ein.*

12. *Vereinbaren Sie persönliche Treffen mit Ihren Kunden aus der A-Kategorie und erklären Sie Ihre neue Philosophie. Bitten Sie bei jedem Treffen um Empfehlungen.*

13. *Falls nötig, setzen Sie sich zum Ziel, eine bestimmte Anzahl an persönlichen Treffen oder Anrufen durchzuführen, um Ihrer Liste weitere potenzielle Kunden hinzuzufügen. Nutzen Sie die drei magischen Fragen.*

14. *Wenn Sie den Kreis der Menschen, die Sie ansprechen wollen, vergrößern möchten, erweitern Sie Ihre Datenbank. Rufen Sie jeden potenziellen Neukunden an und bitten Sie darum, mit ihm regelmäßig kommunizieren zu dürfen.*

15. *Um den Kundenkreis zu erweitern, kaufen Sie Adressen ein. Organisieren Sie die Adressen nach den genannten Kriterien. Rufen Sie jeden dieser Kunden an und wenden Sie die Kriterien des Erlaubnis-Marketing an, die Sie von Sheila Marie erfahren haben, als Sie Ihnen von der ›persönlichen Farm‹ erzählte.*

keinerlei Zweifel, dass sie es schaffen würde, den ›richtigen Weg‹ zu beschreiten und den ›high ground‹ zu erklimmen.

Und außerdem, so dachte er mit einem Lächeln auf den Lippen, nachdem er wieder hinter dem Tresen seiner antiken Eichenbar stand, würde Susie McCumber – trotz der vielen anderen Cafés in der Stadt – auch weiterhin ihren Freunden und Kunden vor allem eines weiterempfehlen: das California Coffee Café & Bistro.

KAPITEL 8

Die Empfehlung des Lebens

Es war wieder einmal einer dieser perfekten Vormittage im California Coffee Café & Bistro, dem Lieblingstreffpunkt der Einwohner der kleinen, aufstrebenden Küstenstadt Rancho Benicia in Kalifornien. Auch Susie McCumber zählte zu den Stammgästen, die hier – bevor sie den Tag so richtig begingen – ihr Lieblingsgetränk genossen.

Der Unterschied zwischen der Susie McCumber von heute und der von vor sechs Monaten war einfach atemberaubend. Wie an jedem Dienstagmorgen saßen Susie und ihr Team von fünf Angestellten an einem der Tische mit Blick auf das Meer und hielten ihr wöchentliches Treffen ab. Susies Geschäft war ein solcher Erfolg geworden, dass sie zwei weitere Verkäufer, eine neue Mitarbeiterin für den Kundendienst und einen persönlichen Assistenten eingestellt hatte. Susie strahlte eine entspannte Zuversicht, ein unaufdringliches Selbstbewusstsein aus.

Jeden Monat erhielten alle Menschen, deren Namen Susie in ihre Datenbank aufgenommen hatte, ein so außergewöhnlich schön gestaltetes und beeindruckendes Schreiben, dass Chuck diese Schreiben stets an sein schwarzes Brett heftete. Sie war mittlerweile überall bekannt für ihr Talent, ihren Dank für geschäftliche Empfehlungen auf unvergleichliche und unvergessliche Weise auszudrücken. Susie hatte schnell herausgefunden, dass sie der geschäftsmäßig-persönliche Typ war, und hatte alle Aktivitäten daraufhin abgestimmt. Sie war wirklich sie selbst geworden, und das Ergebnis war ihr florierendes und wachsendes Geschäft.

Philip betrat das volle Café, griff nach einer Ausgabe des *Wall Street Journals* und reihte sich in die Warteschlange ein – direkt hinter Susie. Er tippte ihr auf die Schulter und sagte: »Guten Morgen.« Mit einem Blick auf ihre zahlreichen Mitarbeiter meinte er lächelnd: »Es sieht so aus, als wenn Sie sich keine Sorgen mehr darüber machen müssen, dass Menschen Ihr Angebot mit einem ›Nein‹ beantworten. Ihr wachsendes Team zeugt eher von einer Menge ›Jas‹.«

»Es war eine tolle Erfahrung, Philip. Ich bin dieselbe Person geblieben, ich habe einfach nur gelernt, meine Talente und Stärken zu erkennen und zu nutzen – mit ein wenig Hilfe meiner Freunde. Highgrounds Konzept hat mir den Druck genommen, immer unbedingt ein Geschäft abschließen und immer unbedingt bei jedem Anruf einen neuen Kunden gewinnen zu müssen. Sie wissen, was ich meine: Ich bin jetzt in der Lage, mich auf die Bedürfnisse meiner Kunden zu konzentrieren – statt auf meine Bedürfnisse. Sobald ich das konsequent umsetzen konnte und den Beziehungsaufbau und die Beziehungen an die erste Stelle gesetzt hatte und mir täglich die goldene Regel vor Augen führte, rollten die Aufträge nur so herein. Diese Philosophie hat die Dollarzeichen in meinen Augen verschwinden lassen, und Sie haben mir dabei geholfen, Phil.«

Das Telefon hinter der antiken Eichenbar klingelte. Chuck, der gerade dabei war, einen doppelten Cappuccino zuzubereiten, griff zum Hörer, sprach einen Moment, drehte sich dann um und schaute Susie an. »Ist für Sie.«

Susie runzelte die Stirn. »Wer ist dran?« Sie war noch nicht richtig wach und hatte eigentlich keine Lust zu telefonieren, ihr fehlte der Kaffee.

Chuck reichte ihr den Hörer und wandte sich wieder seinem Cappuccino zu. »Ein Freund von Ihnen.«

»Hallo«, sagte Susie vorsichtig.

»Susie! Hier Highground. Wie geht es Ihnen? Es ist schon sechs Monate her, seit wir uns gesprochen haben.«

Das rüttelte sie wach. »Mir geht es wunderbar, Herr Highground. Wie geht es Ihnen? Ich habe mich riesig über Ihre Postkarten von überall her gefreut. Sie sind viel unterwegs gewesen.«

»Ich habe nur ein paar Freunden ausgeholfen. Jetzt bin ich wieder in der Stadt und ich habe nur Gutes von Ihnen gehört. Ich möchte mich einfach bei Ihnen bedanken, dass Sie Ihrem Versprechen treu geblieben sind und den Kurs gehalten haben. Es klingt so, als ob Ihr Geschäft hervorragend läuft, und ich freue mich für Sie.«

»Oh, vielen Dank. Es läuft wirklich sehr gut. Absolut hervorragend! Ich kann es kaum abwarten, Ihnen alles zu erzählen.«

»Und ich kann es kaum abwarten, alles zu hören. Womit ich zum eigentlichen Grund meines Anrufes komme. Ich möchte Sie um einen Gefallen bitten.«

»Jederzeit.«

»Ich habe einen neuen Bekannten, der ein wenig Hilfe gebrauchen könnte. Ich wollte Sie bitten, wenn Sie es einrichten können, uns morgen zu treffen und ...«

»... über eines der Prinzipien zu sprechen und zu erzählen, wo ich einst stand und wo ich jetzt stehe? Selbstverständlich. Es ist mir ein großes Vergnügen. Ich werde hier sein.«

Susie reichte Chuck den Hörer und nahm ihren Haselnusskaffee mit aufgeschäumter Milch entgegen.

»Alles in Ordnung?«, fragte er und legte den Hörer auf.

»Mehr als in Ordnung«, gab sie zurück und nickte ihm dankbar zu. »Und nur wegen Ihnen.«

Susie entfernte sich ein paar Schritte, hielt dann an, drehte sich noch einmal zu Chuck um und sagte: »Wissen Sie was, Chuck? Dass Sie mich mit Herrn Highground zusammengebracht haben – das war wirklich die Empfehlung meines Lebens und der Beginn einer lebenslangen Beziehung.«

Highgrounds Geschäftsprinzipien

Der Anhang umfasst die Kerninhalte des Highground-Konzepts und soll Ihnen bei ihrer Umsetzung helfen. Der Anhang enthält:

- Highgrounds Geschäftsprinzipien
- Highgrounds Geschäftsprinzipien – Fragen an sich selbst
- Schreiben zur Kontaktaufnahme mit früheren Kunden
- ›Bekenntnisschreiben‹
- Highgrounds Zielarbeitsbogen
- Die drei magischen Fragen bei Neukontakten
- Die vier Persönlichkeitstypen im Geschäftsleben
- Bleibe in Kontakt – Vorschläge
- Das Netz der Wertschätzung als Grundlage der Geschäftspolitik
- Highgrounds Liste der nächsten Schritte

Highgrounds Geschäftsprinzipien

Hier sind die vier grundlegenden Prinzipien des Highground-Konzepts beschrieben. Wenn Sie mehr dazu lesen möchten, gehen Sie bitte zurück zu den Kapiteln 3, 4, 5 und 6.

1. PRINZIP
Die 250-mal-250-Regel. Es zählen nicht nur diejenigen Menschen, die man selbst kennt, sondern – viel wichtiger – diejenigen, die die Kunden kennen.

2. PRINZIP
Legen Sie eine Datenbank an und teilen Sie die Daten in die Kategorien A, B und C ein.

3. PRINZIP
›Sagen Sie es mir einfach.‹ Erklären Sie Ihren Kunden, wie Sie arbeiten und welchen Wert Sie für die Kunden haben, indem Sie regelmäßig, konsequent und nachhaltig von sich hören lassen.

4. PRINZIP
Bleiben Sie in Kontakt, ständig, persönlich und systematisch.

Highgrounds Geschäftsprinzipien –
Fragen an sich selbst

Die folgenden Fragen sollten Sie sich stellen, um zu prüfen, ob Highgrounds Geschäftsprinzipien zu Ihnen passen. Wenn Sie mehr dazu lesen möchten, gehen Sie bitte zurück zum 1. Kapitel.

1. FRAGE
Mögen Sie sich selbst?

2. FRAGE
Sind Sie von Ihrem Produkt und Ihrer Firma überzeugt?

3. FRAGE
Sind Sie gewillt, den »Kurs zu halten«?

Schreiben zur Kontaktaufnahme
mit früheren Kunden

Dieses Schreiben kann als Muster dienen, Kunden mitzuteilen, dass ein neuer Ansprechpartner im Verkauf oder Kundendienst für sie zuständig ist. Wenn Sie mehr dazu lesen möchten, gehen Sie bitte zurück zum 4. Kapitel.

Ken und Sue Turek
1007 Pacific Coast Way
Rancho Benicia, CA 92117

Liebe Sue, lieber Ken!

Ich möchte Ihnen mitteilen, wie sehr ich mich darüber freue, dass Sie sich entschlossen haben, Ihren neuen BMW bei unserer Vertretung zu kaufen. Unser Mitarbeiterteam und ich möchten, dass Sie wissen, dass Sie sich bei Fragen oder Problemen jederzeit an uns wenden können.

Aus diesem Grunde habe ich unseren neuen Verkaufsmanager, Paul Kingston, gebeten, Ihnen bei Fragen oder Wünschen persönlich zur Seite zu stehen. Paul ist ein sehr erfahrener Mitarbeiter und wir sind stolz darauf, ihn in unserem Team zu haben. Für ihn ist die persönliche Beziehung zu jedem seiner Kunden das Wichtigste.

Paul wird sich in nächster Zeit mit Ihnen in Verbindung setzen, um sich persönlich bei Ihnen vorzustellen und eventuelle Fragen zu beantworten.

Wir bedanken uns bei Ihnen und verbleiben mit freundlichen Grüßen.

P. J. Stoddart
Direktor
Rancho Benicia AutoGroup, Inc.

›Bekenntnisschreiben‹

Dieser Brief ist ein Muster für ein Erstschreiben an Kunden, die Sie von jetzt an regelmäßig kontaktieren möchten. Wenn Sie mehr dazu lesen möchten, gehen Sie bitte zurück zum 5. Kapitel.

Robert und Carole Rusch
119 Heath Terrace
Rancho Benicia, CA 92117

Liebe Carole, lieber Bob!

Meine Mitarbeiter und ich haben vor kurzem beraten, in welche Richtung sich unser Unternehmen in Zukunft entwickeln soll. Wir sind einhellig zu dem Schluss gekommen, dass unser größtes Vermögen die bis zum heutigen Tag aufgebauten Beziehungen zu unseren Kunden sind – Beziehungen wie die, die wir auch zu Ihnen aufbauen durften.

Gleichzeitig muss ich gestehen, dass wir in der persönlichen Kommunikation mit unseren Kunden nicht das Engagement gezeigt haben, das wünschenswert gewesen wäre, und ich möchte Ihnen daher mitteilen, dass wir das ab jetzt ändern und nun mit Ihnen häufiger kommunizieren werden. Ob wir Sie nun durch sachlich gehaltene Informationsschreiben über Neuigkeiten in unserem Unternehmen auf dem Laufenden halten oder ob wir Ihnen ein persönliches Schreiben übermitteln und Sie anschließend anrufen: Bitte betrachten Sie unsere Bemühungen als spürbaren Beweis dafür, dass für uns unsere Beziehung zu Ihnen das Wichtigste in unserem Unternehmen ist.

Wir werden uns demnächst persönlich mit Ihnen in Verbindung setzen. Sollten Sie in der Zwischenzeit Fragen haben oder sollten wir Ihnen auf irgendeine Weise behilflich sein können, dann rufen Sie uns gern jederzeit an!

Mit herzlichen Grüßen

Philip Stackhouse

Highgrounds Zielarbeitsbogen

Sie können diese Arbeitsblätter verwenden, um Ihre persönlichen Ziele zu formulieren. Wenn Sie eine Vorstellung haben möchten, wie diese Ziele ausformuliert aussehen könnten, gehen Sie bitte zurück auf die Seiten 74, 76, 102 und 128.

- 1. ZIEL

    ZIEL: MEINE 250-MAL-250-LISTE FERTIG STELLEN. MEINE VERÄNDERTE DENKWEISE »LEBEN«.

    ZIELTERMIN: _____

    HEUTE IST DER _____ UND ICH HABE: _____

    _____

    _____

    ICH HABE SCHON ERFAHREN: _____

    _____

    _____

    ICH HABE DAS GEFÜHL, DASS: _____

    _____

    _____

    ICH FREUE MICH AUF DEN TAG: _____

    _____

    _____

MEINE PARTNER UND KOLLEGEN SIND: _____

_____

_____

ICH BIN ENTSCHLOSSEN: _____

_____

_____

• 2. ZIEL

ZIEL: MEINE 250-MAL-250-NAMENLISTE IN DIE KATEGORIEN
A, B UND C EINTEILEN.

ZIELTERMIN: _____

HEUTE IST DER _____ UND ICH HABE: _____

_____

_____

ICH HABE SCHON ERFAHREN: _____

_____

_____

ICH HABE DAS GEFÜHL, DASS: _____

_____

_____

ICH FREUE MICH AUF DEN TAG: _____

_____

_____

MEINE PARTNER UND KOLLEGEN SIND: _____

_____

_____

ICH BIN ENTSCHLOSSEN: _____

_____

_____

• 3. ZIEL

ZIEL: HIGHGROUNDS SYSTEM MEINEN EIGENEN STEMPEL AUFDRÜCKEN
UND ES MEINEN BEDÜRFNISSEN ANPASSEN. DAS KONZEPT LEBEN UND,
WO IMMER MÖGLICH, EINSETZEN.

ZIELTERMIN: _____

HEUTE IST DER _____ UND ICH HABE: _____

_____

_____

ICH HABE SCHON ERFAHREN: _____

_____

_____

156

ICH HABE DAS GEFÜHL, DASS: _____

_____

_____

ICH FREUE MICH AUF DEN TAG: _____

_____

_____

MEINE PARTNER UND KOLLEGEN SIND: _____

_____

_____

ICH BIN ENTSCHLOSSEN: _____

_____

_____

• 4. ZIEL

ZIEL: MEINE ›BLEIBE IN KONTAKT‹- UND ›NETZ DER WERTSCHÄT-
ZUNG‹-PROGRAMME EINSATZBEREIT MACHEN.

ZIELTERMIN: _____

HEUTE IST DER _____ UND ICH HABE: _____

_____

_____

ICH HABE SCHON ERFAHREN: _____

_____

_____

ICH HABE DAS GEFÜHL, DASS: _____

_____

_____

ICH FREUE MICH AUF DEN TAG: _____

_____

_____

MEINE PARTNER UND KOLLEGEN SIND: _____

_____

_____

ICH BIN ENTSCHLOSSEN: _____

_____

_____

Die drei magischen Fragen bei Neukontakten

Diese einfachen Fragen helfen Ihnen, Menschen, die Sie zum ersten Mal treffen, sofort für sich einzunehmen und zu interessieren. Wenn Sie mehr dazu lesen möchten, gehen Sie bitte zurück zum 3. Kapitel.

1. Was machen Sie beruflich?

2. Was gefällt Ihnen an Ihrer Tätigkeit am meisten?

3. Wenn Sie mit dem Wissen, das Ihnen heute zur Verfügung steht, noch einmal von vorn anfangen könnten, wie würde Ihr Tag aussehen?

Ihr noch tiefer gehendes Interesse können Sie mit dem Satz ausdrücken: »Ich würde gern mehr von Ihnen erfahren.«

Die vier Persölichkeitstypen im Geschäftsleben

Die vier Persönlichkeitstypen werden mit jeweils zwei Worten beschrieben. Das erste Wort drückt aus, wie die Menschen Sie sehen und wer Sie von Natur aus sind. Das zweite Wort drückt Ihre natürliche Verhaltenstendenz in Geschäftsbeziehungen aus.

PERSÖNLICH-PERSÖNLICH
PERSÖNLICH-GESCHÄFTSMÄSSIG
GESCHÄFTSMÄSSIG-PERSÖNLICH
GESCHÄFTSMÄSSIG-GESCHÄFTSMÄSSIG

PERSÖNLICH-PERSÖNLICH
Der persönlich-persönliche Typ wird als jemand wahrgenommen, dem die Beziehung zu anderen am wichtigsten ist – er überlegt, wie er den Menschen helfen und was er tun kann, damit man ihn gern oder sogar ausgesprochen gern mag. Diese Menschen denken selten an die geschäftlichen Auswirkungen ihrer Handlungen. Wenn sie es doch tun, rechtfertigen sie ihr Verhalten sofort mit »persönlichen« Argumenten. Daher muss auch das zweite Wort »persönlich« heißen.

PERSÖNLICH-GESCHÄFTSMÄSSIG
Bei dem zweiten Typ handelt es sich um eine Person, die zunächst in der Begegnung mit anderen Menschen sehr persönlich und am Beziehungsaufbau interessiert ist. Sie ist ehrlich an der Beziehung interessiert, beginnt aber strategisch zu denken, wenn das Gespräch sich geschäftlichen Dingen zuwendet.

GESCHÄFTSMÄSSIG-PERSÖNLICH
Der geschäftsmäßig-persönliche Typ erweckt zunächst den Eindruck, als sei er weniger an der Beziehung und mehr an dem rein geschäftlichen Aspekt interessiert. Ist die geschäftliche Beziehung jedoch erst einmal gefestigt, baut dieser Mensch eine enge persönliche Beziehung auf.

GESCHÄFTSMÄSSIG-GESCHÄFTSMÄSSIG

Dieser Typ ist das genaue Gegenteil zum persönlich-persönlichen Typ. Diese Menschen tun sich im Allgemeinen schwer mit Highgrounds System, dessen Grundlage ja der Beziehungsaufbau ist. Wenn sie aber die Zeit, die sie mit Menschen verbringen, auf rein geschäftliche Weise rechtfertigen können – und das gelingt ihnen immer –, sind auch sie in der Lage, das Konzept anzuwenden.

Bleibe in Kontakt – Vorschläge

Januar	– Neujahrsgrüße
Februar	– Anschreiben mit besonderer Information
März	– persönlich gestaltetes Rundschreiben
April	– Frühlingsgrüße
Mai	– Anschreiben mit besonderer Information
Juni	– persönlich gestaltetes Rundschreiben
Juli	– Sommergrüße
August	– Anschreiben mit besonderer Information
September	– persönlich gestaltetes Rundschreiben
Oktober	– Herbstgrüße
November	– Anschreiben mit besonderer Information
Dezember	– persönlich gestaltetes Rundschreiben

Das Netz der Wertschöpfung als Grundlage der Geschäftspolitik

Wir geloben, unseren Kunden, Partnern, Lieferanten und Kollegen regelmäßig und konsequent unseren Dank auszudrücken – mit spürbaren Beweisen unserer Wertschätzung. Für uns ist der wertschätzende Beziehungsaufbau am allerwichtigsten!

- Allen Mitarbeitern, die mit Kunden zu tun haben, stehen 2000 € zur Verfügung, die sie nach eigenem Ermessen dazu verwenden können, ihren Kunden ihren Dank auszudrücken. Diese Mittel können zudem eingesetzt werden, um angespannte Situationen im Umgang mit Kunden, die der sofortigen Aufmerksamkeit bedürfen, zu entschärfen.
- Die Firma und ihre Mitarbeiter beachten das ganze Jahr hindurch diejenigen Tage und Termine, an denen üblicherweise Menschen beschenkt werden: etwa Geburtstage und besondere Feiertage. Sie versprechen zudem, über diesen Pflichteinsatz hinaus stets nach kreativen Möglichkeiten Ausschau zu halten, unseren Kunden unsere Wertschätzung auszudrücken. Außergewöhnlicher Kundenservice und der Versand besonderer Aufmerksamkeiten sind für uns selbstverständlich.
- Jeder Empfehlung wird sofort, spürbar und persönlich an dem Tag, an dem sie ausgesprochen wurde, nachgegangen. Das heißt: Wir bedanken uns sofort bei denjenigen, die uns weiterempfohlen haben.
- Jede Person, die eine Empfehlung ausspricht, die einen Auftrag für die Firma zur Folge hat, erhält noch am Tag der Auftragsvergabe eine persönliche Danksagung und Aufmerksamkeiten.
- Auch unseren Lieferanten und Partnern wird sofort, spürbar und persönlich gedankt, wenn sie uns einen außergewöhnlichen Service bieten.
- Sämtliche Teammitglieder geloben, den anderen gegenüber sofort, regelmäßig und spürbar ihre Anerkennung auszudrücken, wenn diese Integrität, Loyalität und besondere Leistungen zeigen.

Highgrounds Liste der nächsten Schritte

1. Stellen Sie Ihre Namenliste fertig. Rufen Sie an, um die Anschriften, Telefonnummern und E-Mail-Adressen zu überprüfen und zu aktualisieren.
2. Teilen Sie alle Namen in die Kategorien A, B und C ein.
3. Stellen Sie einen Assistenten ein, der die regelmäßige Kommunikation mit den Kunden übernimmt oder überwacht. Oder entscheiden Sie sich für ein CRM-System. Das System muss die Möglichkeit bieten, ABC-Kategorien zu erstellen.
4. Finden Sie einen vertrauenswürdigen Computerspezialisten, den Sie beauftragen können, Ihren Post- und E-Mail-Versand zu übernehmen.
5. Suchen Sie im Internet nach Anregungen für verschiedene Möglichkeiten, mit denen Sie Ihr ›Bleibe in Kontakt‹-Programm mit Leben füllen können. Überprüfen Sie, was in Ihrer Branche üblich ist. Stellen Sie für das Programm einen Zwölfmonatsplan auf.
6. Beauftragen Sie einen Onlinedienst, der Ihnen hilft, sofort ein Netz der Wertschätzung einzurichten. Ihre Daten müssen über Standardfunktionen leicht zugänglich sein und ohne Schwierigkeiten bearbeitet werden können.
7. Kaufen Sie persönlich gestaltete Dankeschön-Karten. Verschicken Sie diese noch an dem Tag, an dem Ihnen ein Kunde die Erlaubnis gegeben hat, seinen Namen in Ihre Datenbank aufzunehmen.
8. Erstellen Sie für Ihre Datenbank ein ›Bleibe in Kontakt‹-Programm. Halten Sie für jeden Monat des Jahres die erforderlichen Materialien bereit. Wählen Sie die Aufmerksamkeiten aus und bestimmen Sie die Termine, an denen sie verschickt werden sollen. Drucken Sie den Plan aus, sodass Sie ihn jederzeit sichtbar vor sich haben. Legen Sie die Aufgaben fest, die jeden Monat konsequent ausgeführt werden müssen.
9. Erstellen Sie ein ›Netz der Wertschätzung‹-Programm. Legen Sie, zusätzlich zu Ihrem ›Bleibe in Kontakt‹-Programm, ein Budget für Mitarbeiter mit Kundenkontakt fest, damit diese Danksagungen für Empfehlungen, Geburtstags- und Urlaubsgrüße verschicken können.

10. Verschicken Sie ein ›Bekenntnisschreiben‹ an alle Adressen Ihrer Datenbank, in dem Sie Ihre Unternehmensphilosophie beschreiben.

11. Rufen Sie danach jeden an, dem Sie dieses Schreiben geschickt haben. Fragen Sie nach Geburtstagen (nicht nach dem Geburtsjahr) und Jahrestagen, falls sich die Gelegenheit ergibt. Geben Sie alles in Ihre Datenliste ein.

12. Vereinbaren Sie persönliche Treffen mit Ihren Kunden aus der A-Kategorie und erklären Sie Ihre neue Philosophie. *Bitten Sie bei jedem Treffen um Empfehlungen.*

13. Falls nötig, setzen Sie sich zum Ziel, eine bestimmte Anzahl an persönlichen Treffen oder Anrufen durchzuführen, um Ihrer Liste weitere potenzielle Kunden hinzuzufügen. Nutzen Sie die drei magischen Fragen.

14. Wenn Sie den Kreis der Menschen, die Sie ansprechen wollen, vergrößern möchten, erweitern Sie Ihre Datenbank. Rufen Sie jeden potenziellen Neukunden an und bitten Sie darum, mit ihm regelmäßig kommunizieren zu dürfen.

15. Um den Kundenkreis zu erweitern, kaufen Sie Adressen ein. Organisieren Sie die Adressen nach den genannten Kriterien. Rufen Sie jeden dieser Kunden an und wenden Sie die Kriterien des Erlaubnis-Marketing an, die Sie von Sheila Marie erfahren haben, als Sie Ihnen von der ›persönlichen Farm‹ erzählte.

16. Erklären Sie jedem Ihrer Mitarbeiter, wie das Programm arbeitet. Machen Sie die Prinzipien zu einem Teil Ihrer Firmenkultur.

17. Rufen Sie die Leute an, die »Geld verdienen, wenn Sie Geld verdienen« – zum Beispiel Ihre Lieferanten. Erklären Sie ihnen, wie Ihr Programm arbeitet, fragen Sie, was Sie für sie tun können, und *bitten Sie* dann *um Empfehlungen*.

18. Dokumentieren Sie in Ihrer Verkaufspräsentation, dass Sie den Beziehungsaufbau an die erste Stelle setzen, und zeigen Sie, welchen Wert dies für Ihre Kunden hat. Erzählen Sie jedem, der infrage kommt und interessiert ist, von Ihrer neuen Philosophie. *Bitten Sie* dann *um Empfehlungen*.

19. Rufen Sie planmäßig mindestens einmal im Jahr jeden auf Ihrer Datenliste an, der Ihnen den ›Erlaubnisschein‹ erteilt hat. Wenn Sie über ein Programm zum automatischen Versand von Geburtstagskarten verfügen, dann rufen Sie an, nachdem Sie die

Geburtstagsgrüße verschickt haben. Gratulieren Sie persönlich zum Geburtstag. Fragen Sie, ob und wie Sie behilflich sein können, und *bitten Sie*, falls sich die Gelegenheit ergibt, *um eine Empfehlung*. Falls möglich, vereinbaren Sie ein persönliches Treffen.

20. Fragen Sie immer und immer wieder, was Sie für die jeweilige Person tun können, und erinnern Sie diese jedes Mal, und zwar wirklich jedes Mal, dass Sie Ihr Geld dadurch verdienen, dass Sie gute Beziehungen aufbauen und alles dafür tun, dass andere Menschen eine gute Meinung über Sie haben. *Bitten Sie* dann stets *um eine Empfehlung* – wie Philip es vorgemacht hat.

Der Autor

Tim Templeton
ist ein international anerkannter Experte für Verkaufsprozesse, Verkaufssysteme und Präsentation. Er ist überregional als Redner, Seminarveranstalter und Berater gefragt. Seine Werke sind in zahlreiche Sprachen übersetzt worden.

Tim Templeton ist Seniorpartner bei ›Always Positive‹, einem Unternehmen, das Komplettlösungen für die Bereiche Verkauf und Marketing anbietet. Always Positive ist auf die Themen Verkaufstraining, Verkaufsprodukte und Motivation spezialisiert und hat sich zum Ziel gesetzt, für die Unternehmen, die es betreut, nachweisbare und messbare Erfolge zu erzielen. Tim Templeton ist zudem Berater bei RES, dem Innovationsführer für Maßnahmen zur Produktivitätssteigerung in der Immobilienbranche. Für dieses Unternehmen konzipiert er Weiterbildungs- und Schulungsprogramme.

Tim Templeton begann seine Karriere als Ausbilder im Jahr 1991 und schrieb Beiträge für das Buch *The Entrepreneurs Handbook* von James C. Ray (Irwin Professional Publishing). 1995 trat er als Mitbegründer von ›Providence Seminars‹ auf, brachte das Unternehmen an die Börse und wurde deren CEO.

In den 80er-Jahren führte er Dutzende von Produkten auf nationalen und regionalen Märkten in allen Bereichen des Einzelhandels ein und übernahm ihre Vertretung.

Tim Templeton ist Mitglied im nationalen Verband ›The Center for Faithwalk Leadership‹, einer gemeinnützigen Organisation, die von Ken Blanchard mitbegründet wurde. Er ist zertifizierter Trainer für ›Leadership Encounter‹, einem Seminar zum Thema ›Beziehungs- und Vertrauensaufbau‹, das sich an Geschäftsleute und Einzelpersonen richtet. Es wurde von ›The Center for Faithwalk Leadership‹ ausgearbeitet und basiert auf dem Buch *Leadership by the Book* von Ken Blanchard, Bell Hybels und Phil Hodges.

Tim Templeton lebt mit seiner Frau Maria und seinen drei Töchtern Sara, Sheila und Susie in der Nähe von San Diego. Die Familie ist sein ›ganzes Glück und der Mittelpunkt seines Lebens‹.

Dienstleistungen

Tim Templeton steht für Managementberatungen zur Verfügung, er veranstaltet Motivationstrainings und Seminare für Konzerngruppen oder Organisationen. ›Always Positive‹ erstellt für Unternehmen individuelle Keep-INTouch™-Konzepte (›Bleibe in Kontakt‹-Programme) und Web-of-Appreciation™-Konzepte (›Netz der Wertschätzung‹-Programme). Außerdem arbeitet das Unternehmen Motivations- und Anreizkonzepte für Firmen und Einzelpersonen aus, die die Prinzipien dieses Buches in ihre Unternehmensphilosophie aufnehmen möchten.

Wenn Sie an weiteren Informationen interessiert sind, wenden Sie sich bitte an:

Always Positive
Marketing Director
Gebührenfreie Telefonnummer:
          (877) 321 65 00
E-Mail: info@alwayspositive.com
Webseiten: www.alwayspositive.com
          www.realtyempowerment.com
Stellungnahmen zum Buch:
         comments@alwayspositive.com